ISSN 0021-1915

17. JAHRGANG · SEITEN 301—348 · BERLIN SEPTEMBER 1981

IPRAX 17 17 (8—9) 301—348 (1981) 32036

8-9

isotopenpraxis

EVP 18,— M

AKADEMIE-VERLAG

An unsere Autoren

Die Zeitschrift veröffentlicht Beiträge zu folgenden Themen: Kontrolle und Analyse radioaktiver und stabiler Isotope, Anwendung radioaktiver und stabiler Isotope in allen Gebieten der Forschung und Technik der Industrie, Landwirtschaft und Medizin, Herstellung radioaktiver und stabiler Isotope sowie von markierten Verbindungen, kernelektronische Geräte für die Isotopenanwendung (Dickenmesser, Dichtemesser u. ä.) Detektoren für isotopentechnische Arbeiten und den Strahlenschutz in Isotopenlaboratorien, Meßtechnik und Strahlenschutz, Dosimetrie in Isotopenlaboratorien, kerntechnische Geräte für die Isotopenanwendung (Beton, Bestrahlungsanlagen u. ä.), Strahlenchemie, Radiochemie, ökonomische und perspektivische Fragen, Fragen der Weiterbildung.

1. Aufnahme von Manuskripten

Zur Veröffentlichung angenommen werden nur durckreife, noch nicht anderweitig publizierte Beiträge in deutscher, englischer oder russischer Sprache zum Themenbereich der Zeitschrift und zwar

Originalarbeiten
Kurze Originalmitteilungen
Aus der Praxis
Zusammenfassende Berichte
Tagungsberichte
Informationen.

Sind der Beitrag oder Teile daraus bereits veröffentlicht oder ist eine anderweitige Veröffentlichung vorgesehen, so muß dies der Redaktion mit genauer Angabe der Zweitveröffentlichung mitgeteilt werden. Mit der Annahme des Manuskriptes behält sich der Verlag das Recht der Vervielfältigung, Verbreitung und Übersetzung innerhalb der gesetzlichen Schutzfrist vor. Auszugsweiser Nachdruck oder photomechanische u. a. Wiedergabe sind an eine schriftliche Genehmigung des Verlages gebunden Manuskripte, Zeichnungen und Photos von veröffentlichten Arbeiten werden nur auf den besonderen und bis zum Zeitpunkt der Veröffentlichung mitgeteilten Wunsch des Autors zurückgesandt.

Bei der unverlangten Einreichung von Manuskripten wird empfohlen, eine Befürwortung eines der Herausgeber oder Redaktionsausschußmitglieder beizufügen.

Manuskripte sind einzureichen bei der Redaktion, DDR-1080 Berlin, Leipziger Str. 3–4.

2. Form der Manuskripte

Die Autoren werden gebeten:

2 Manuskripte, eines davon in Original-Maschinenschrift, einseitig und mit 2zeiligem Abstand einzureichen; gut leserliche Photokopien sind zulässig; auf dem 1. Blatt (unter Weglassung der Bezeichnung)

den Titel der Arbeit
Vorname-Initialen und Namen sämtlicher Autoren
gegebenenfalls die Institution, in der sie tätig sind
eine kurze Zusammenfassung der Arbeit von höchstens 15 Zeilen
Keywords in alphabetischer Reihenfolge und
als Fußnote die Anschrift der Institution anzugeben;

wenn möglich auf gesonderten Blättern Namen, Titel der Arbeit und Zusammenfassung in den beiden anderen obengenannten Sprachen 2fach beizufügen;

Literaturhinweise (fortlaufend numeriert), Fußnoten, Tabellen, Abbildungen (in etwa 2facher Veröffentlichungsgröße), Abbildungsunterschriften (getrennt von den Abbildungen, mit Zeichenerklärungen, Quellenangaben, falls erforderlich, und gegebenenfalls mit einem Vermerk für besondere Wünsche bezüglich der Abbildungsgröße), private und Dienstanschrift der Verfasser mit akademischen Titeln und ausgeschriebenen Vornamen auf besonderen Blättern ans Ende des Manuskriptes zu stellen;

Wünsche für den Kolumnentitel (Seitenüberschrift) bekanntzugeben;
Absätze durch Einzüge von mindestens 3 Anschlägen kenntlich zu machen;
die Maßeinheiten des SI-Systems ("Systéme International") zu verwenden;
Korrekturen im Manuskript unmittelbar an der zu korrigierenden Stelle anzubringen;

Formeln deutlich lesbar und möglichst groß einzutragen;
Farbabbildungen und nachträgliche Änderungen oder Ergänzungen in Abbildungen zu vermeiden;

hervorzuhebende Textellen zu unterstreichen, und zwar halbfetten Satz mit einer geraden schwarzen Linie, kursiven Satz (Schrägschrift) mit einer blauen Wellenlinie (alle Eigennamen). Sperrungen gestrichelt;
besondere Buchstaben durch farbige Unterstreichung zu kennzeichnen, und zwar Formelzeichen in

Griechisch-Kursiv (α, β. ...) rot,
Kursiv (A, B, ...) blau
halbfetter Kursiv (***A***, ***B***, ...) 2 Linien blau (Vektoren),
halbfetter Grotesk (**A**, **B**, ...) 2 Linien violett (Tensoren);

bei Literaturangaben auf Vollständigkeit zu achten. In nachstehender Reihenfolge müssen angegeben sein:

a) bei *Zeitschriften*: Vorname-Initialen und Namen sämtlicher Autoren Titel der Zeitschrift (nach „Periodica Chimica" oder möglichst wenig gekürzt), Bandnummer (unterstrichen), Jahreszahl (in Klammern), Heftnummer (nur bei Zeitschriften, die jedes Heft mit S. 1 beginnen) sowie die Seitenzahl, auf der die zitierte Arbeit beginnt.

b) bei *Büchern*: Initialen der Vornamen und Name des Autors (Herausgeber werden durch den Zusatz „ed." gekennzeichnet), voll ausgeschriebener Titel des Buches in der Originalsprache, evtl. Bandnummer, voll ausgeschriebener Name des Verlages, Nummer der Auflage (außer der ersten), Erscheinungsort(e), Erscheinungsjahr (hier nicht in Klammern setzen!) und evtl. Kapitelnummer, Seitenzahl u. ä.

c) bei *Sammelbänden, Tagungsberichten*: Es soll zusätzlich der Titel des zitierten Beitrags angegeben werden. Die Seitenzahl muß unbedingt angegeben werden. Aus dem Zitat muß hervorgehen, ob es sich um einen Tagungssammelband oder um einen noch nicht veröffentlichten Vortrag handelt. Zwischen Tagungsort und Erscheinungsort des entsprechenden Tagungsberichts ist zu unterscheiden.

3. Korrekturen

Der Autor erhält zwei Umbruchabzüge, von denen einer möglichst schnell korrigiert an die Redaktion zurückgereicht werden soll. Auf Wunsch des Autors kann die Korrektur auch von der Redaktion geelesen werden.

Durch nachträgliche Manuskriptänderungen verursachte Korrekturkosten gehen, sofern sie 10% der Satzkosten übersteigen zu Lasten des Autors.

Der Autor erhält 50 Sonderdrucke kostenlos. Weitere Sonderdrucke können bis zur Rückgabe der Korrekturabzüge auf Kosten des Autors bei der Redaktion bestellt werden.

Bezugsmöglichkeiten

Bestellungen sind zu richten

- **in der DDR** an den Postzeitungsvertrieb unter Angabe der Kundennummer des Bestellenden oder an den AKADEMIE-VERLAG, DDR-1080 Berlin, Leipziger Straße 3–4
- **im sozialistischen Ausland** an eine Buchhandlung für fremdsprachige Literatur oder an den zuständigen Postzeitungsvertrieb
- **in der BRD und Berlin(West)** an eine Buchhandlung oder an die Auslieferungsstelle KUNST UND WISSEN, Erich Bieber OHG, D-7000 Stuttgart 1, Wilhelmstraße 4–6
- **in den übrigen westeuropäischen Ländern** an eine Buchhandlung oder an die Auslieferungsstelle KUNST UND WISSEN, Erich Bieber GmbH, CH-8008 Zürich/Schweiz, Dufourstraße 51
- **im übrigen Ausland** an den Internationalen Buch- und Zeitschriftenhandel; den Buchexport, Volkseigener Außenhandelsbetrieb der Deutschen Demokratischen Republik, DDR-7010 Leipzig, Postfach 160; oder an den AKADEMIE-VERLAG, DDR-1080 Berlin, Leipziger Straße 3–4

Zeitschrift „Isotopenpraxis"

Herausgeber: Im Auftrag des Akademie-Verlages herausgegeben von Prof. Dr. Justus Mühlenpfordt und Prof. Dr. Carl Friedrich Weiss
Verlag: Akademie-Verlag, DDR-1080 Berlin, Leipziger Straße 3–4; Fernruf: 2236221 oder 2236229; Telex-Nr.: 114420;
Bank: Staatsbank der DDR, Berlin, Kto.-Nr.: 6836-26-20712
Chefredakteur: Dr. Klaus Uhlig, Berlin
Anschrift der Redaktion (Fernruf: 6351177) der Zeitschrift Isotopenpraxis: Akademie-Verlag, DDR-1080 Berlin, Leipziger Str. 3–4
Veröffentlicht unter der Lizenznummer 1527 des Presseamtes beim Vorsitzenden des Ministerrates der Deutschen Demokratischen Republik
Gesamtherstellung: VEB Druckerei „Thomas Müntzer", DDR-5820 Bad Langensalza
Erscheinungsweise: Die Zeitschrift „Isotopenpraxis" erscheint monatlich. Die 12 Hefte eines Jahrganges bilden einen Band. Bezugspreis je Band 180,— M zuzüglich Versandspesen Preis für die DDR 108,— M) Preis je Heft 30,— (Preis für die DDR 18,— M)
Bestellnummer dieses Heftes: 1079/17/8—9

AN (EDV) 12831

ISOTOPENPRAXIS ISSN 0021-1915

Band 17 (1981) Heft 8/9, S. 301–348

Redaktion und Verlag: Akademie-Verlag, Redaktion Isotopenpraxis, 1080 Berlin, Leipziger Straße 3–4

Inhaltsverzeichnis

Originalarbeiten

Es wird ein neues Verfahren zur berührungsfreien Messung der Wandstärke von Stahlrohren mittels radioaktiver Isotope beschrieben. Dabei wird das Rohr tangential senkrecht zur Rohrachse durchstrahlt, wobei das System Strahlenquelle – Detektor kontinuierlich senkrecht zum Strahlengang verschoben wird. Die Anwendbarkeit der Methode wurde in Laborversuchen mit ^{60}Co als Strahlenquelle an zwei Rohrstücken mit 142 mm und 270 mm Außendurchmesser und Wandstärken von 3,5; 4,0 und 5,84 mm bzw. 6,5; 7,0 und 7,44 mm nachgewiesen. Die Übereinstimmung mit dem theoretischen Verlauf der Absorptionskurven ist ausgezeichnet. Die Genauigkeit der Messung ist besser als ±3 %. Die mit dieser Genauigkeit noch erfaßbaren Rohrdimensionen liegen bei Verwendung von 100 Ci ^{60}Co für Rohre mit 200 mm Außendurchmesser bei ca. 22 mm Wandstärke und für Rohre mit 700 mm Außendurchmesser bei ca. 6 mm Wandstärke. Der Ablauf eines Meßvorganges wird angegeben. Die Dauer einer Untersuchung beträgt je nach den Rohrdimensionen zwischen 10 und 20 s.

Es wird eine radiometrische Bandwaage zur Koksaustragsmengen-Messung in BHT-Kokereien beschrieben. Voranstellend werden einige analytische Ausdrücke zur theoretischen Behandlung dieses Bandwaagentyps mitgeteilt. Die Waage zeichnet sich durch hohe Stabilität der Anzeige, durch die Möglichkeit des routinemäßigen Umsetzens von Meßstelle zu Meßstelle innerhalb kurzer Zeit und durch einen relativ kleinen Wägefehler (Meßunsicherheit ≦ 2,9 %) aus. Die Signalaufbereitung innerhalb der Elektronik erfolgt durchgängig digital unter Verwendung eines Rechnerschaltkreises.

Es wird ein nichtlinearer Tiefpaßfilter zur Aussiebung zufälliger Fluktuationen aus analogen Signalen für kontinuierlich arbeitende radiometrische Meßgeräte beschrieben. Die Wirksamkeit des Filters wird untersucht, und die Applikationsgebiete werden genannt.

Für die Darstellung von ^{113m}In-Kolloid zur Leberszintigraphie muß neben dem Indium eine bestimmte Konzentration an Trägersubstanz vorliegen. Die im Eluat bereits vorhandene Verunreinigung an Zirkon ist dafür geeignet, wenn sie einen Wert von $0,5 \times 10^{-6}$ g Zr/ml erreicht (zulässige Verunreinigung 10^{-6} g/ml). Wird dieser Wert unterschritten, ist ein Zusatz von 4×10^{-6} g Fe/ml Eluat erforderlich.

In der vorliegenden Arbeit sind die Ergebnisse der Untersuchung einiger physikalisch-chemischer und radiochemischer Eigenschaften von Albumin-Mikrosphären, die mit verschiedenen durch Neutronen aktivierten Elementen markiert worden waren, dargelegt. Als Tracer-Elemente wurden Mn, Eu, Lu und Au verwendet. Der Gehalt eines Elements in den Mikrosphären hängt direkt von seiner Konzentration im Reaktionsgemisch ab. Eine Veränderung der Konzentration des Elements in der Eiweißlösung hat keinen merklichen Einfluß auf die Teilchenabmessung. Die Dichte der Albumin-Mikrosphären hängt direkt vom Atomgewicht und von dem Gehalt des Elements in den Teilchen ab. Die Bindung des Radionuklids an die Mikrosphären bei 20–50 °C erhöht sich bei Behandlung der Teilchen mit einer Ammoniaklösung.

Die bei der Spaltung von ^{232}Th, mit 30,5 MeV α-Teilchen produzierten I- und Te-Isotope wurden durch Sublimation in einem Luftstrom separiert, und die absoluten Ausbeuten der Spaltprodukte ^{130}I, ^{131}I, $^{132m,g}I$, ^{134}I und $^{131m,g}Te$, ^{133m}Te sowie ^{134}Te (kumulativ) wurden mit einem Ge(Li)-Gammaspektrometer mit hoher Auflösung gemessen. Die Parameter der Kernladungsverteilung σ_z und Z_p für die Isobarenketten mit Masse 130–134 wurden durch Anpassung der Meßdaten an eine *Gauß*sche Verteilungsfunktion gefunden. Die wahrscheinlichsten Massen für Spaltfragmente mit $Z = 52$ und $Z = 53$ wurden auch aus den gemessenen Ausbeuten bestimmt.

Es wurde eine polarographische Methode zur Nebeneinanderbestimmung von U(VI) und Pu(IV) ausgearbeitet. Um beide Spezies an der Hg-Tropfelektrode (DME) erfassen und getrennt bestimmen zu können, wurde Citrat als Komplexbildner hinzugefügt. Die polarographische Bestimmung in diesem Medium wurde für drei verschiedene Uran:Plutonium-Konzentrationsverhältnisse, 1:1, 1:10, 10:1, untersucht und eine Standardabweichung von < 3 %, auch für die Mikrokomponente, erreicht. Für größere Konzentrationsunterschiede reicht jedoch die Differenz der Halbstufenpotentiale (HSP) von Uran und Plutonium nicht aus, und der Fehler der Bestimmung der Mikrokomponente wird demzufolge größer.

Es wurde die Verteilung von n-Caprylsäure zwischen n-Decan, Benzen, Isoamylacetet, Diisopropylketon, Isoamylalkohol und einer wäßrigen 0,6 M Natriumsulfatlösung unter Einsatz der ^{14}C-markierten Säure untersucht. Die Verteilungs- und Dimerisationskonstanten für die Reaktionen $HR_{(w)} \rightleftharpoons HR_{(org)}$ bzw. $2\,HR_{(org)} \rightleftharpoons (HR)_{2(org)}$ wurden bestimmt.

(Fortsetzung des Inhaltsverzeichnisses auf der 3. Umschlagseite

ISOTOPENPRAXIS

Band 17 (1981) Heft 8/9, S. 301 – 348

Redaktion und Verlag: Akademie-Verlag, Redaktion Isotopenpraxis, 1080 Berlin, Leipziger Straße 3 – 4

Contents

Articles

E. Frevert

A New Method for Non Contacting Gauging of the Wall Thickness of Steel Tubes with Radioactive Isotopes

Isotopenpraxis 17 (1981) No. 8/9, p. 301 to 305
8 Fig., 2 Tab., – Ref.

A new method for non contacting gauging of the wall thickness of steel tubes with radioactive isotopes is described. The tube is radiated through normal to the axis of the tube. The system source-detector is moved continuously normal to the radiation beam. The applicability of this method was demonstrated in laboratory tests with ^{60}Co as radiation source and two tubes with 142 mm and 270 mm outside diameter and wall thicknesses of 3·5, 4·0, 5·84 mm and 6·5, 7·0, 7·44 mm respectively. The agreement with the theoretical absorption curves is excellent. The accuracy of the measurement is better than 3 %. The wall thickness of the tubes, which can be measured with this accuracy, is for 100 Ci ^{60}Co approx. 22 mm for tubes with 200 mm outside diameter and decreases to 6 mm approx. for tubes with 700 mm outside diameter. The proposed sequence of operations is described. The time for one investigation is between 10 and 20 s depending on the dimensions of the tubes.

M. Glaeser, D. Steuer, G. Zobel

A Radiometric Conveyor-Type Weigher with Computer Circuit for Signal Processing

Isotopenpraxis 17 (1981) No. 8/9, p. 306 to 310
6 Fig., – Tab., 9 Ref.

The publication describes a radiometric conveyor type weigher for determining the weight of the coke output in brown coal high-temperature coking plants. Some analytical expressions used in the theoretical treatment of this particular weighing system are presented. The weighing system is characterized by a high-stability display, a relatively low measuring error (uncertainty ≦ 2·9 %), and it can be transferred routinely from one measuring point to another within a short time. The electronic system processes signals exclusively in the digital mode using a computing integrated curcuit.

L. Gonsyorovsky, T. Kvasnevsky

A Non-Linear Filter for Stochastic Signals (*in Russian*)

Isotopenpraxis 17 (1981) No. 8/9, p. 311 to 313
5 Fig., – Tab., 6 Ref.

Nonlinear low-pass filter for smoothing analog signals in radiometric instruments is presented. Efficiency and possible application range of the filter has been determinated.

P. Langner, P. Kleinert

Problems in the Production of ^{113m}In Colloid after Application of a Modified ^{113}Sn/^{113m}In Generator

Isotopenpraxis 17 (1981) No. 8/9, p. 313 to 314
1 Fig., – Tab., 6 Ref.

For the production of ^{113m}In colloid to be used for liver scintigraphy, apart from indium a specific concentration of carrier substance is necessary. The zircon contamination already existent in the eluate is suitable, if it has a value of no les than $0{\cdot}5 \cdot 10^{-6}$ g Zr/ml (admissible contamination being 10^{-6} g/ml). If this value is decreased, addition of $4 \cdot 10^{-6}$ g Fe/ml of eluate is necessary.

Содержание

Статьи

Э. Фреверт

Новый способ бесконтактного измерения толщины стенок стальных труб с помощью радиоактивных изотопов

Isotopenpraxis 17 (1981) вып. 8/9 стр. 301 до 305
8 рис., 2 табл., – лит.

Представляется новый способ бесконтактного измерения толщины стенок стальных труб с помощью радиоактивных изотопов. При этом, труба просвечивается тангенциально с постоянным перемещением системы, состоящей из источника излучения и детектора, перпендикулярно к направления хода пучка. Применимость данного способа была доказана в лабораторных опытах с ^{60}Co в лкачестве источника излучения на двух участках труб с наружным диаметром 142 и 270 *мм*, соответственно, и толщинами стенок в 3,5. 4,0 и 5,84 *мм*, и 6,5, 7,0 и 7,44 *мм*, соответственно. Соответствие с теоретичекими кривыми поглощения превосходно. Точность измерения лучше чем ±3 %. При использовании 100 Ci по ^{60}Co, с такой точностью можно определить толщину стенок труб внешним диаметром 200 *мм*, тримерно до 22 *мм*. а труб внешним диаметром 700 *мм* примерно до 6 *мм*, Приводиться процесс измерения. В зависимости от размеров труб, длительность одного процесса следования составляет от 10 до 20 секунд.

М. Глезер, Д. Штойер, Г. Цобель

Радиометрические конвейерные весы с вычислительной цепью для обработки сигналов

Isotopenpraxis 17 (1981) вып. 8/9, стр. 306 до 310
6 рис., – табл., 9 лит.

Описываются радиометрические конвейерные весы для измерения количества выдачи кокса в коксовых заводах высокотемпературного коксования бурого угля. Как введение даются некоторые аналитические информации по теоретической спецификации этого типа конвейерных весов. Весы отличаются высокой постоянностью показания, возможностью простого перемещения с одного места замера на другое с минимальной затратой на это времени, а также сравнительно малой погрешностью показателей взвешивания (погрешность взвешивания составляет ≦ 2,9 %). Обработка сигнала в области действия электроники осуществляется полностью численно с использованием переключающей схемы вычислительной машины.

Л. Гонсеровски, Т. Квасневски

Нелинейный фильтр стохастических сигналов (*на русск. языке*)

Isotopenpraxis 17 (1981) вып. 8/9, стр. 311 до 313
5 рис., – табл., 6 лит.

Описан нелинейный низкочастотный фильтр, предназначенный для сглаживания стохастических флюктуаций аналогового сигнала в радиометрических приборах непрерывного действия. Приведены результаты определения эффентивности сглаживания и область применения нелинейного фильтра.

П. Лангнер, П. Клайнерт

Проблемы по получению коллоида ^{113m}In после применения модифицированного генератора ^{113m}Sn/^{113m}In

Isotopenpraxis 17 (1981) вып. 8/9, стр. 313 до 314
1 рис., – табл., 6 лит.

Для получения используемого для сцинтиграфии печени коллоида ^{113m}In помимо индия необходимо иметь определенную концентрацию носителя. Для этого пригодно имеющееся в элюате цирконевое загрязнение в том случае, если оно составляет не менее $0{,}5 \cdot 10^{-6}$ *г* Zr/ml (допустимое загрязнение: 10^{-6} *г*/ml). При более низком значении требуется присадка элюата в размере $4 \cdot 10^{-6}$ *г* Fe/ml.

Neues Verfahren zur berührungsfreien Messung der Wandstärke von Stahlrohren mittels radioaktiver Isotope

E. Frevert

(Institut für Isotopenanwendung, Österreichisches Forschungszentrum Seibersdorf)[1]

Es wird ein neues Verfahren zur berührungsfreien Messung der Wandstärke von Stahlrohren mittels radioaktiver Isotope beschrieben. Dabei wird das Rohr tangential senkrecht zur Rohrachse durchstrahlt, wobei das System Strahlenquelle—Detektor kontinuierlich senkrecht zum Strahlengang verschoben wird. Die Anwendbarkeit der Methode wurde in Laborversuchen mit ^{60}Co als Strahlenquelle an zwei Rohrstücken mit 142 mm und 270 mm Außendurchmesser und Wandstärken von 3,5; 4,0 u d 5,84 mm bzw. 6,5; 7,0 und 7,44 mm nachgewiesen. Die Übereinstimmung mit dem theoretischen Verlauf der Absorptionskurven ist ausgezeichnet. Die Genauigkeit der Messung ist besser als ±3%. Die mit dieser Genauigkeit noch erfaßbaren Rohrdimensionen liegen bei Verwendung von 100 Ci ^{60}Co für Rohre mit 200 mm Außendurchmesser bei ca. 22 mm Wandstärke und für Rohre mit 700 mm Außendurchmesser bei ca. 6 mm Wandstärke. Der Ablauf eines Meßvorganges wird angegeben. Die Dauer einer Untersuchung beträgt je nach den Rohrdimensionen zwischen 10 und 20 s.

Keywords

cobalt 60; steel tubes; thickness gages; wall thickness

1. Einleitung

Zur genauen Einhaltung der gewünschten Wandstärken innerhalb der vorgegebenen Toleranzgrenzen ist es notwendig, die Stahlrohre während des Produktionsvorganges kontinuierlich oder stichprobenartig zu untersuchen. Dies erfordert aber in vielen Fällen die Anwendung eines berührungsfreien Meßverfahrens, denn häufig müssen die Messungen an glühenden Rohren durchgeführt werden. Zwei der möglichen Methoden bedienen sich der Abschwächung von Röntgenstrahlen und der Strahlung von radioaktiven Isotopen beim Durchdringen von Materie.

Dickenmessungen mit Hilfe von radioaktiver Strahlung sind schon seit langem bekannt und haben ein vielfältiges Anwendungsgebiet gefunden. Dazu gehört auch die Messung von Rohrwandstärken. Allerdings wird dafür in den meisten Fällen das Prinzip der Rückstreuung angewendet. Dies hat jedoch den Nachteil, daß bereits geringe Änderungen des Abstandes Rohr – Meßkopf die Meßwerte beeinflussen. Bei dem zweiten Prinzip, der Durchstrahlungsmethode durch die Rohrmitte, wird die doppelte Wanddicke gemessen. Exzentrizitäten des Rohres können so nicht festgestellt werden. In der vorliegenden Arbeit wird ein Verfahren beschrieben, das ursprünglich für Röntgenstrahlen und dünnwandige Stahlrohre entwickelt worden ist*), für dickwandige Rohre aber auch, wie diese Arbeit zeigen wird, mit der Strahlung radioaktiver Isotope eine genaue, berührungsfreie Bestimmung der Rohrwandstärke ermöglicht.

2. Meßprinzip

Das Meßprinzip wird in Abb. 1 schematisch dargestellt. Ein Stahlrohr mit dem Außenradius R und der Wandstärke d wird senkrecht zur Rohrachse durchstrahlt. Das System Strahlenquelle – Detektor wird dabei kontinuierlich senkrecht zum Strahlengang verschoben. Die zu durchstrahlende Schichtdicke x beträgt dann, wenn der Strahlen-

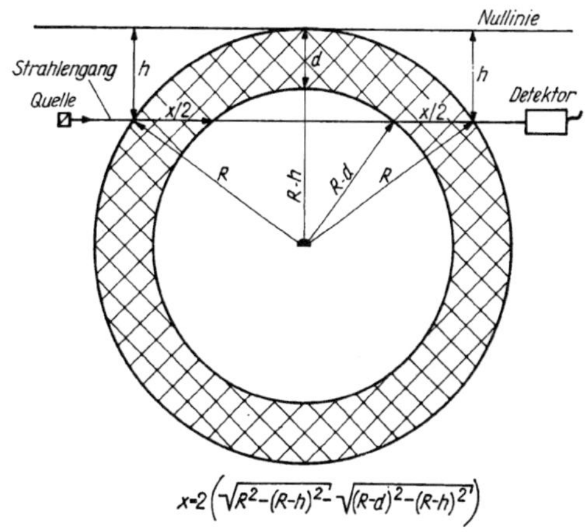

Abb. 1. Prinzip der tangentialen Durchstrahlung und Berechnung der durchstrahlten Materialschicht x

gang um h von der Tangente oder „Nullinie" entfernt ist,

$$x = 2\left(\sqrt{R^2 - (R-h)^2} - \sqrt{(R-d)^2 - (R-h)^2}\right) \quad (1)$$

Die Absorption der radioaktiven Strahlung erfolgt nach dem Gesetz

$$I = I_0 e^{-\mu x} \quad (2)$$

(I_0 = Intensität bei freiem Strahlengang, I = Intensität nach durchstrahltem Material, μ = Absorptionskoeffizient des durchstrahlten Materials, x = Dicke des durchstrahlten Materials). Mit diesen beiden Gleichungen erhält man bei der Rohrwandstärkenmessung die relative Intensität

$$I/I_0 = \exp\left[-2\mu\left(\sqrt{R^2 - (R-h)^2} - \sqrt{(R-d)^2 - (R-h)}\right)\right] \quad (3)$$

In Abb. 2 ist der sich aus dieser Gleichung ergebende theoretische Kurvenverlauf für ein Stahlrohr mit dem Außenradius R = 120 mm und der Wandstärke d = 30 mm dargestellt. Als Absorptionskoeffizient wurde μ = 0,0426 mm^{-1} gewählt. Er entspricht dem in der Literatur angegebenen

[1]) Anschrift: Lenaugasse 10, A-1082 Wien

*) Alle Rechte an dem Verfahren bei: Mannesmannröhren-Werk AG

Tab. 1. Durchstrahlte Dicke x und relative Strahlungsintensität I/I_0 für ein Stahlrohr mit dem Außenradius $R = 120$ mm und der Wandstärke $d = 30$ mm (Absorptionskoeffizient $\mu = 0{,}0426$ mm^{-1})

h mm	x mm	I/I_0	h mm	x mm	I/I_0
0	0,00	1,00 × 10^0	130	60,28	7,67 × 10^{-2}
1	30,92	2,68 × 10^{-1}	140	61,16	7,39
2	43,63	1,56	150	62,67	6,93
3	53,33	1,03	160	65,03	6,26
4	61,45	7,30 × 10^{-2}	170	68,51	5,40
5	68,56	5,39	180	73,68	4,33
10	95,92	1,68	190	81,80	3,07
15	116,19	7,09 × 10^{-3}	195	87,85	2,37
20	132,66	3,51	200	96,42	1,64
25	146,63	1,94	205	110,25	9,13 × 10^{-3}
26	149,18	1,74	206	114,31	7,68
27	151,67	1,56	207	119,21	6,23
28	154,09	1,41	208	125,43	4,78
29	156,45	1,28	209	134,23	3,29
30	158,75	1,16	210	158,75	1,16
31	134,23	3,29	211	156,45	1,28
32	125,43	4,78	212	154,09	1,41
33	119,21	6,23	213	151,67	1,56
34	114,31	7,68	214	149,18	1,74
35	110,25	9,13	215	146,63	1,94
40	96,42	1,64 × 10^{-2}	220	132,66	3,51
45	87,85	2,37	225	116,19	7,09
50	81,80	3,07	230	95,92	1,68 × 10^{-2}
60	73,68	4,33	235	68,56	5,39
70	68,51	5,40	236	61,45	7,30
80	65,03	6,26	237	53,33	1,03 × 10^{-1}
90	62,67	6,93	238	43,63	1,56
100	61,14	7,39	239	30,92	2,68
110	60,28	7,67	240	0,00	1,00 × 10^0
120	60,00	7,76			

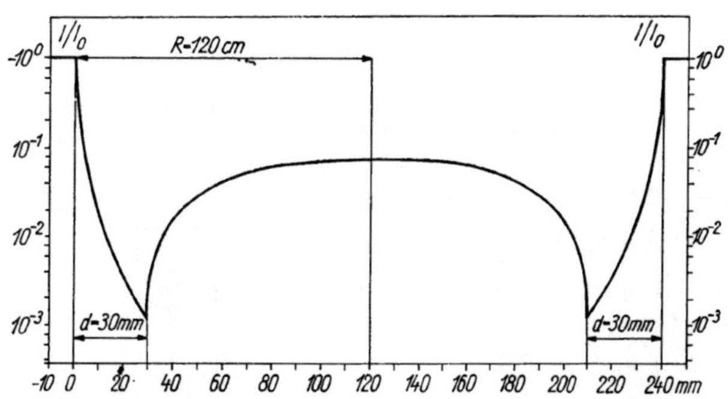

Abb. 2. Theoretischer Verlauf der relativen Strahlungsintensitäten für ein Stahlrohr mit $2R = 240$ mm Außendurchmesser und $d = 30$ mm Wandstärke ($\mu = 0{,}0426$ mm^{-1})

Wert für die Gammastrahlung von ^{60}Co und Eisen als Absorbermaterial. Die Berechnungen wurden mit dem programmierbaren Taschenrechner Texas Instruments, Modell TI 59, durchgeführt (Tab. 1).

Man sieht, daß die Kurve beim Erreichen sowohl der Außenkante des Rohres ($h = 0$ bzw. $2R$) als auch der Innenkante ($h = d$ bzw. $2R - d$) einen deutlichen Sprung aufweist, der meßtechnisch erfaßbar sein muß. Man sieht aber auch aus der Abbildung und aus der Tabelle, daß bei Anwendung dieser Methode schon bei relativ geringen Rohrdurchmessern und -wandstärken verhältnismäßig große Strecken durchstrahlt werden müssen. So beträgt für das gewählte Beispiel die Strecke x für $h = d$ 158,75 mm (Tab. 1). Das ist fast das Dreifache der doppelten Wandstärke. Und der Unterschied der relativen Strahlungsintensitäten beträgt knapp 2 Größenordnungen für $h = d$ und $h = R$. Man wird also mit wesentlich stärkeren Strahlenquellen arbeiten bzw. eine Begrenzung der Anwendung hinsichtlich der Rohrdimensionen in Kauf nehmen müssen. Andererseits ist man weit weniger abhängig von der exakten Einhaltung der Rohrposition in bezug auf die Meßstrecke als dies bei den eingangs angeführten Methoden der Fall ist. Und eine mögliche Exzentrizität des Rohres kann durch Messungen an zwei oder drei verschiedenen Stellen des Rohrumfanges festgestellt werden.

3. Experimentelle Überprüfung

In der Einleitung wurde bereits erwähnt, daß dieses Verfahren für Röntgenstrahlen und dünnwandige Stahlrohre entwickelt worden ist. Eine entsprechende Anlage arbeitet seit einiger Zeit im praktischen Betrieb zur vollen Zufriedenheit. Die in Abschnitt 2 angestellten Überlegungen haben gezeigt, daß für dickwandigere Rohre die Anwendung radioaktiver Strahlung möglich sein müßte. Diese Überlegungen mußten jedoch noch experimentell überprüft werden.

Abb. 3. Versuchsaufbau

Abb. 3 zeigt den Versuchsaufbau. Mit Hilfe des AUTOMAT-Baukasten-Systems wurde eine Meßgabel konstruiert, die stufenlos auf und ab bewegt werden konnte. Eine Kurbelumdrehung entsprach einem $\Delta h = 0{,}1250$ mm.

Da ein möglichst hohes Durchdringungsvermögen für Stahl erforderlich war, wurde als Strahlenquelle ^{60}Co angenommen. ^{60}Co zerfällt mit einr Halbwertszeit von 5,26 a unter Aussendung von Gammastrahlen mit 1,173 und 1,333 MeV. Der Absorptionskoeffizient für eine Gammastrahlung mit 1,253 MeV beträgt für Eisen laut Angaben in der Literatur $\mu = 0{,}426$ cm^{-1}.

Die mechanischen Abmessungen sowie der Aufbau der Meßelektronik wird als schematische Darstellung in Abb. 4 gezeigt. Eine 10 mCi ^{06}Co-Strahlenquelle befand sich in einer Bleiabschirmung mit einer Kollimatoröffnung von 5 Ø × 20 mm. Der Detektor bestand aus einem 1,5 × 1,5″ NaI(Tl)-Szintillationskristall mit Photomultiplier (PM) und Vorverstärker (PA). Die Elektronik bestand aus Hochspannung (HV), Verstärker (A), Einkanaldiskriminator (SCH), Zähler (C) mit Zeiteinheit (T) und Drucker (P). Zur Kontrolle des Gammaspektrums wurde noch ein Vielkanalanalysator (PHA) mit Drucker (P) parallelgeschaltet.

Gemessen wurde mittels des Einkanaldiskriminators nur der Bereich der beiden Fotolinien der 1,173 und 1,333 MeV Gammastrahlung von ^{60}Co (Abb. 5). Dadurch wurde eine

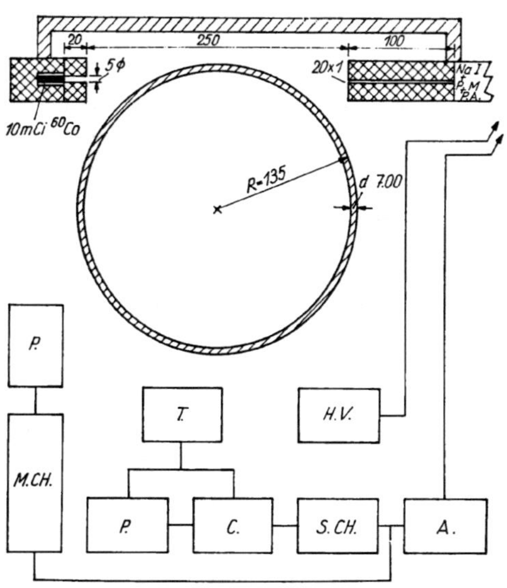

Abb. 4. Schematische Darstellung des Versuchsaufbaues mit Angabe der Abmessungen in Millimeter

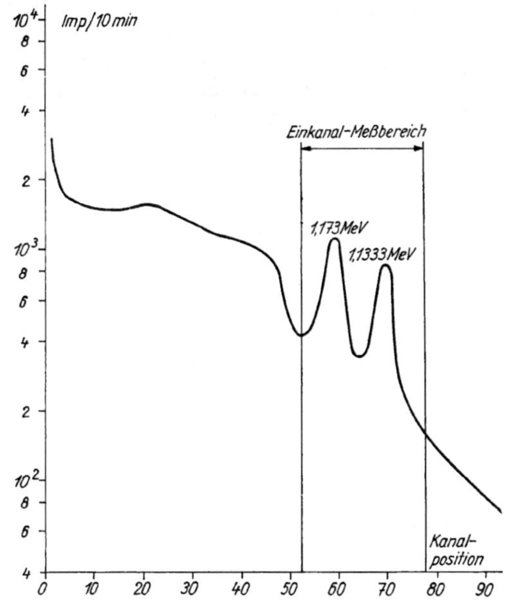

Abb. 5. Gammaspektrum von ^{60}Co und Einkanal-Meßbereich.

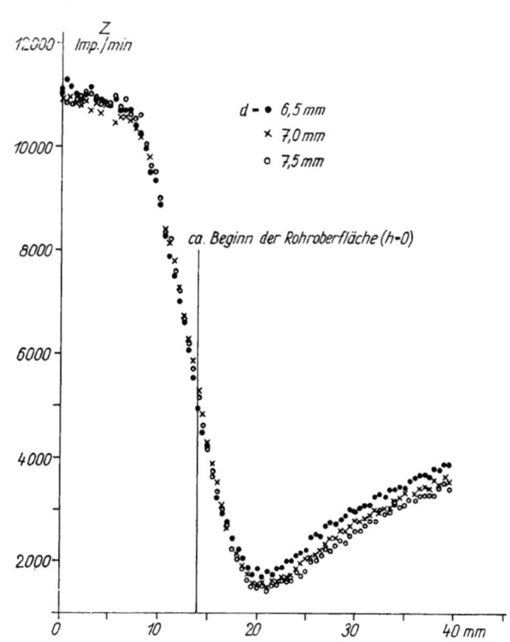

Abb. 6. Ergebnisse der 1. Versuchsreihe
Strahlengang nur bei der Quelle kollimiert; $2R = 270$ mm

zusätzliche, „elektronische Kollimierung“ bewirkt, denn außer den kohärent gestreuten können nur noch die ungestreuten, d. h. die sich geradlinig ausbreitenden Gammaquanten ihre Gesamtenergie besitzen und diese im Szintillationskristall durch den Photoeffekt vollständig abgeben.

Als Probenrohe standen zwei 200 mm lange Rohrstücke mit den Außendurchmessern $2R = 142$ mm und $2R = 270$ mm zur Verfügung, deren Wände in jeweils 30 mm breite Streifen auf genau 3,0; 3,5; 4,0; 4,5 und 5,0 mm bzw. 6,0; 6,5; 7,0; 7,5 und 8,0 mm abgedreht worden waren. Bei der ersten Versuchsreihe wurde der Strahlengang nur durch die Blende bei der Strahlenquelle kollimiert (s. Abb. 4). Die Ergebnisse zeigten, daß zwar bei Erreichen der Innenkante ($h = d$) der theoretisch zu erwartende deutliche Sprung bei den Zählraten auftritt, daß aber die Außenkante ($h = 0$) nicht definiert ist (Abb. 6). Dies läßt sich auf geometrische (relativ großer Strahlenkegel und große Detektorfläche) und auf Streueffekte zurückführen.

Für die zweite Versuchsreihe wurde deshalb ein Schlitzkollimator für den Detektor angefertigt, bestehend aus einem Bleizylinder mit den Maßen 36 ⌀ × 100 mm, in den ein 20 × 1 mm Schlitz eingearbeitet war (s. Abb. 4). Gemessen wurde wieder die Abhängigkeit der Zählrate Z von der Höhe h.

Bei dem kleineren Rohr ($R = 71$ mm) wurden die Wandstärken $d = 3{,}5$ und 4,0 mm sowie das unbearbeitete Ende des Rohres ($d = 5{,}84$ mm) vermessen, bei dem größeren Rohr ($R = 135$ mm) die Wandstärken $d = 6{,}5$ und 7,0 mm und ebenfalls das unbearbeitete Rohrende ($d = 7{,}44$ mm). Dabei wurde an den kritischen Punkten ($h = 0$ und $h = d$) ein $\Delta h = 0{,}031250$ mm gewählt (1/4 Kurbelumdrehung). Die Meßwerte sind in Abb. 7 und 8 dargestellt. Man sieht,

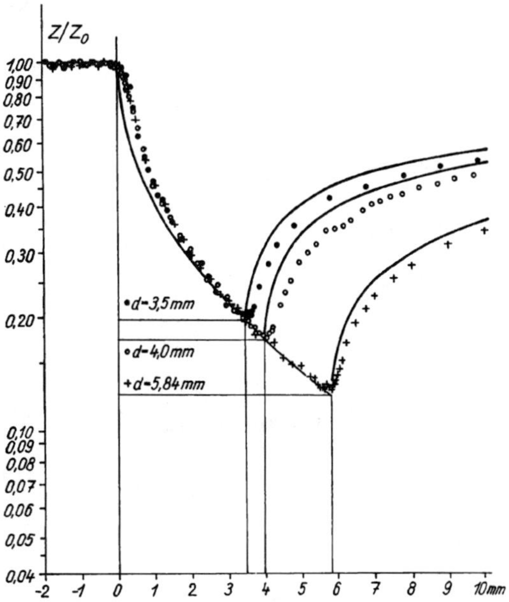

Abb. 7. Ergebnisse der 2. Versuchsreihe für das Stahlrohr mit $R = 71$ mm und berechneter Kurvenverlauf

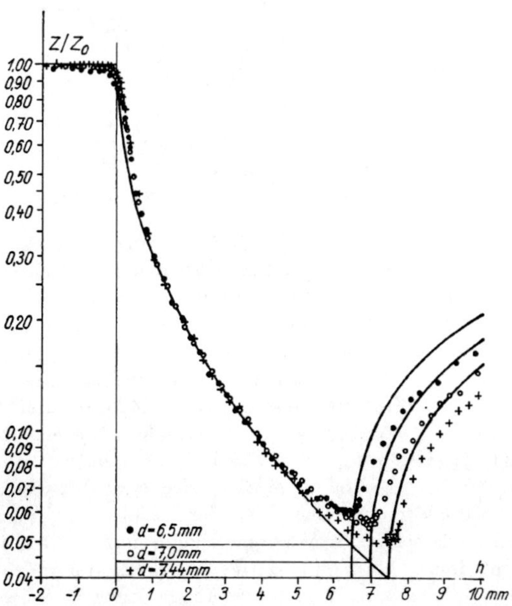

Abb. 8. Ergebnisse der 2. Versuchsreihe für das Stahlrohr mit $R = 135$ mm und berechneter Kurvenverlauf

daß bei dieser Versuchsanordnung sowohl Außen- als auch Innenkanten deutlich sichtbar sind. Aus den Abbildungen geht ferner hervor, daß speziell für das kleinere Rohr im Bereich $h \geqq d$ Höhenänderungen der Größe $\Delta h = 0{,}03$ mm signifikante Änderungen der Zählrate bewirkt haben. Die Position $h = d$ des Strahlenganges konnte also in diesem Fall mit einer Genauigkeit von ca. $\pm 0{,}03$ mm bestimmt werden. Bei einer entsprechend genauen Festlegung der Nullinie ($h = 0$) wäre die Rohrwandstärke auf etwa ± 1 bis 2% genau bestimmt worden. Die prinzipielle Anwendbarkeit der Methode der tangentialen Durchstrahlung auch bei Verwendung von radioaktiven Isotopen als Strahlenquellen konnte also experimentell nachgewiesen werden.

Mit den ermittelten Meßwerten wurde zusätzlich noch untersucht, wie weit eine Übereinstimmung mit der Theorie gefunden werden kann. Zu diesem Zweck wurden zuerst mit Gl. (1) für jeden R-, d- und h-Wert die entsprechenden x-Werte berechnet. Danach wurde versucht, die Wertepaare (x, Z) einer Exponentialfunktion anzupassen, dann nach Gl. (3) müßte gelten

$$Z/Z_0 \approx e^{-\mu x} \tag{4}$$

Unter Berücksichtigung sämtlicher Wertepaare (x, Z) erhält man für

$$R = 71\ \text{mm}: 0 \leqq h \qquad Z/Z_0 = 1{,}199 e^{-0{,}04244 x}\,,$$
$$K = -0{,}979 \tag{4.1}$$
$$R = 135\ \text{mm}: 0 \leqq h \quad Z/Z_0 = 1{,}084 e^{-0{,}03761 x}\,,$$
$$K = -0{,}985 \tag{4.2}$$

K ist der Korrelationskoeffizient der einzelnen Datenpunkte in bezug auf die Exponentialkurve, die diesen Punkten angepaßt wurde. Es gilt $-1 \leqq K \leqq 1$ mit perfekter Korrelation bei ± 1. Die Anpassung ist also um so besser, je näher K an ± 1 herankommt. Man sieht, daß die gemessenen Werte gut einer Exponentialfunktion angepaßt werden können. Allerdings sind die theoretischen Z_0-Werte für $R = 71$ mm um den Faktor 1,199 und für $R = 135$ mm um den Faktor 1,084 größer als die experimentellen Werte. Es wurde deshalb eine weitere Anpassung versucht, diesmal jedoch nur an die Wertepaare (x, Z) eines bestimmten h-Bereiches.

$$R = 71\ \text{mm}: 2 \leqq h \leqq d\,, \qquad Z/Z_0 = 1{,}012 e^{-0{,}03723 x}\,,$$
$$K = -0{,}998 \tag{4.3}$$
$$R_4^0 = 135\ \text{mm}: 1 \leqq h \leqq 5\,, \quad Z/Z_0 = 1{,}006 e^{-0{,}03645 x}\,,$$
$$K = -0{,}998 \tag{4.4}$$

Die Anpassung ist wesentlich besser, und die theoretischen Z^0-Werte stimmen praktisch mit den experimentellen überein. Die Absorptionskoeffizienten $\mu = 0{,}03723\ \text{mm}^{-1}$ bzw. $\mu = 0{,}03645\ \text{mm}^{-1}$ liegen zwar deutlich unter dem Literaturwert ($\mu = 0{,}0426\ \text{mm}^{-1}$), sie sind aber fast identisch mit dem Wert, der für eine andere Arbeit mit ^{60}Co an Blechen aus rostfreiem Stahl gemessen wurde ($\mu = 0{,}0375\ \text{mm}^{-1}$). Mit diesen Werten und Gl. (3) wurde der theoretische Verlauf der Absorptionskurven berechnet und in die Abb. 7 und 8 eingezeichnet. Im Bereich $h \leqq d$ weisen die experimentellen Werte nur geringe Abweichungen vom berechneten Kurvenverlauf auf. Die systematischen Abweichungen im Bereich $h > d$ können auf andere Streuverhältnisse im Inneren der Rohre zurückzuführen sein.

4. Genauigkeit und Grenzen der Methode

Die Genauigkeit und auch die Grenzen der Methode hängen unter anderem von der zur Verfügung stehenden Meßzeit und der maximal noch einsetzbaren Stärke der zu verwendenden ^{60}Co-Strahlenquelle ab. Ein weiteres Kriterium ist die Größe der Zählrate, die von dem Detektor und der Elektronik noch verarbeitet werden kann, ohne daß unkontrollierbare Verluste und Verstärkungsänderungen auftreten.

Elektronische Eigenentwicklungen ermöglichen es, bei Verwendung von NaI(Tl)-Szintillationsdetektoren Zählraten von 10^6 Imp./s noch zu verarbeiten. Die rein statistische Genauigkeit kann also auch bei extrem kurzen Meßzeiten von 0,1 s gegenüber den Labordversuchen erhöht werden. Bei einer Zählrate von 10^5 Imp./0,1 s beträgt der 3σ-Fehler ± 950 Impulse oder $\pm 0{,}95\%$. Bei den Laborversuchen betrug für $R = 71$ mm und $h = d = 4{,}0$ mm die Zählrate ca. 2500 Imp./100 s. Der entsprechende 3σ-Fehler ist ± 540 Impulse oder $\pm 1{,}7\%$. Für $R = 135$ mm und $h = d = 7{,}0$ mm betrug die Zählrate ca. 2800 Imp./min und der 3σ-Fehler ist ± 160 Impulse oder $\pm 5{,}7\%$. Trotz dieser relativ großen Fehler konnte rein experimentell bei dem kleinen Rohr die Stelle $h = d$ auf $\pm 0{,}1$ mm (= ca. $\pm 2-3\%$) und bei dem dickeren Rohr auf $\pm 0{,}2$ mm (= ca. $\pm 2-3\%$) genau bestimmt werden. Bei einem kleineren 3σ-Fehler der Zählraten müßte also eine Genauigkeit von besser als $\pm 1\%$ erreichbar sein.

Die Stärke der für die Untersuchungen verwendeten ^{60}Co-Strahlenquellen betrug ca. 10 mCi. Die kleinsten mit dem 1,5 ⌀ × 1,5″ NaI(Tl)-Szintillationsdetektor gemessenen Zählraten betrugen bei dem größeren Rohr ca. 3000 Imp./min oder 50 Imp./s. Für eine hinreichende statistische Genauigkeit einer Einzelmessung würde man aber mindestens 10^4 Impulse benötigen. Bei einer Meßzeit von 0,1 s entspricht das einer Zählrate von 10^5 Imp./s. Um die zu erhalten, hätte die Stärke der ^{60}Co-Strahlenquelle für den Versuchsaufbau 20 Ci betragen müssen. Wenn die Dosisleistung in 1 m Abstand 1 mR/h betragen soll, müssen für die Abschirmung einer solchen Quelle 19 cm Blei genommen werden. Der entsprechende Abschirmbehälter (38 ⌀ × 38 cm Blei) wiegt mehr als 500 kg.

Als Grenzquellstärke muß aus wirtschaftlichen, gewichtsmäßigen und strahlenschutzbedingten Gründen 100 Ci ^{60}Co angenommen werden. Die Dicke der notwendigen Bleiabschirmung beträgt ca. 21 cm, der gesamte Abschirmbehälter wiegt rd. 750.kg. Mit einer solchen Quelle können bei Verwendung des beschriebenen Schlitzkollimators vor dem Detektor und der Diskriminierung der gestreuten Gammaquanten Stahlschichten bis etwa 125 mm mit hinreichender Genauigkeit gemessen werden. Auf die Rohrwandstärkemessung bezogen ergeben sich daraus die in Tab. 2 angeführten Grenzwerte für die noch erfaßbaren Wanddicken. Diese Werte können natürlich bei Verwendung größerer Szintillationskristalle (⌀ = 3″ oder 5″) und dadurch auch breiterer Schlitzkollimatoren wegen der größeren Effizienz auf größere Wandstärken verschoben werden.

Tab. 2. Maximal erfaßbare Wandstärken d_{max} in Abhängigkeit vom Rohraußendurchmesser D für 100 Ci ^{60}Co als Strahlenquelle

Durchmesser D mm	maximale Wandstärke d_{max} mm
200	22
300	14
400	10
500	8
600	7
700	6

5. Ablauf eines Meßvorganges

Um die Zeit für eine Wandstärkenmessung so kurz wie möglich zu halten, wird die Nullinie ($h = 0$) mit einem Laserstrahl bestimmt. Die Gammameßstrecke wird bereits vor Beginn der Untersuchung auf einen Wert $h = 0{,}9 d_{soll}$ (90% der Sollwandstärke) eingestellt. Die eigentliche Messung wird dadurch eingeleitet, daß die Meßgabel auf die durch den Laserstrahl definierte Nullinie herabgesenkt wird. Danach tastet die Gammameßstrecke die Innenkante des Rohres mit einer Geschwindigkeit von 0,2 mm/s ab. Die Zeitkonstante für eine Einzelmessung beträgt 0,1 s. Das bedeutet, daß die Rohrinnenkante in Schritten von 0,02 mm vermessen wird. Die Messung wird beendet, wenn die Zählrate Z_n nach Erreichen des Bereiches $h < d$ folgende Bedingung erfüllt:

$$Z_h \geqq \left(Z_d + 6\sqrt{Z_d}\right) \tag{5}$$

Damit liegt Z_h auf jeden Fall außerhalb des 3σ-Bereiches der kleinsten gemessenen Zählrate Z_d, und man kann sicher sein, daß man sich bereits im Bereich $h > d$ befindet. Die Entfernung zwischen der Nullinie und dem Ort, wo die kleinste Zählrate gemessen wurde, gibt direkt die Wandstärke des Rohres an. Die Gesamtzeit einer Untersuchung hängt von den Rohrdimensionen ab. Sie beträgt für dickwandige Rohre im Durchschnitt etwa 20 s und für dünnwandige Rohre etwa 10 s. Der Meßwert wird mit dem gespeicherten Sollwert und dessen Toleranzen verglichen. Die gemessene Rohrwandstärke d und die Abweichung Δd wird in Millimeter angegeben. Außerdem wird der Meßwert ebenfalls gespeichert und mit anderen, am selben Rohr gemessenen Wandstärken verglichen, um eventuelle Exzentrizitäten des Rohres angeben zu können. Sämtliche Berechnungen werden mit Mikroprozessoren durchgeführt.

6. Zusammenfassung

Es wird ein Verfahren zur berührungsfreien Messung der Wandstärke von Rohren beschrieben. Das Rohr wird senkrecht zur Rohrachse durchstrahlt, wobei das System Strahlenquelle — Detektor kontinuierlich senkrecht zum Strahlengang verschoben wird. In Laborversuchen wurde nachgewiesen, daß diese Methode mit ^{60}Co als Strahlenquelle eine genaue Wandstärkenmessung ermöglicht. Die Nachteile anderer radiometrischer Methoden wie Einhaltung einer exakten Meßgeometrie oder Bestimmung der doppelten Wandstärke werden bei diesem Verfahren vermieden. Die Ergebnisse der Laborversuche haben gezeigt, daß die Rohrwandstärken auf besser als $\pm 3\%$ genau gemessen werden können. Allerdings wird durch die Beschränkung auf eine maximal noch vertretbare Stärke der ^{60}Co-Strahlenquelle von 100 Ci eine Grenze für die noch erfaßbaren Rohrdimensionen gegeben. Sie liegt bei einem Rohraußendurchmesser von 200 mm bei ca. 22 mm Wandstärke und bei einem Durchmesser von 700 mm bei ca. 6 mm Wandstärke. Bei größeren Wandstärken muß mit erhöhter Ungenauigkeit der Messung gerechnet werden. Der Ablauf eines Meßvorganges wird angegeben. Die Dauer einer Untersuchung beträgt je nach den Rohrdimensionen zwischen 10 und 20 s.

Für die Anregung zu dieser Arbeit sei Herrn Dr. *W. Dörr*, Mannesmannröhren-Werk AG, herzlichst gedankt.

Eingegangen am 10. 10. 1980

Radiometrische Bandwaage mit Rechnerschaltkreis zur Signalaufbereitung

M. Gläser[1]), *D. Steuer*[2]), *G. Zobel*[2])

([1]) Forschungszentrum für Mechanisierung der Landwirtschaft Schlieben/Bornim; [2]) Gaskombinat Schwarze Pumpe, Brennstoffinstitut Freiberg)

Es wird eine radiometrische Bandwaage zur Koksaustragsmengen-Messung in BHT-Kokereien beschrieben. Voranstellend werden einige analytische Ausdrücke zur theoretischen Behandlung dieses Bandwaagentyps mitgeteilt. Die Waage zeichnet sich durch hohe Stabilität der Anzeige, durch die Möglichkeit des routinemäßigen Umsetzens von Meßstelle zu Meßstelle innerhalb kurzer Zeit und durch einen relativ kleinen Wägefehler (Meßunsicherheit $\leqq$ 2,9%) aus. Die Signalaufbereitung innerhalb der Elektronik erfolgt durchgängig digital unter Verwendung eines Rechnerschaltkreises.

Keywords

americium 241; coke; conveyors; industry; radiation absorption; radiometric gages; radiometric methods; weight

1. Einleitung

Für die Bilanzierung und Optimierung der BHT-Koksproduktion im Gaskombinat „Schwarze Pumpe" bestand die Notwendigkeit, den aus den einzelnen Kammern der Vertikalkammeröfen diskontinuierlich (chargenweise) auf Austragsbänder ausgestoßenen Koks zu wägen.

Nach theoretischen und experimentellen Voruntersuchungen [1] stellte sich heraus, daß dieses Wägeproblem nur mit einer radiometrischen Bandwaage zu lösen war, die in ihrer Grundkonzeption der in [2—4] beschriebenen Variante einer radiometrischen Bandwaage entsprechen muß.

Der Einsatz der bisher bekannten Bandwaagen wird durch eine Reihe von Forderungen bezüglich der Gutverteilung auf den Förderbändern eingeschränkt. Insbesondere werden eine Mindeststreckenbelegung (von 20% des Nenndurchsatzes) gefordert und nur geringfügige Schwankungen der Gutverteilung quer und längs zur Förderrichtung zugelassen. Das waren auch die hauptsächlichen Gründe, die einem Einsatz kommerziell erhältlicher Bandwaagen (auch radiometrischer) für die Koksaustragsmengen-Messung im Wege standen. So wurde bei der Realisierung der Koksaustragswaage als Ausgangsbasis für die zu betreibende Entwicklung eine radiometrische Streckenbelegungssonde verwendet, die für landwirtschaftliche Massebestimmungen bei Forschungsarbeiten an ähnlich stark schwankenden Fördergutströmen durch das Forschungszentrum für Mechanisierung der Landwirtschaft der Akademie der Landwirtschaftswissenschaften der DDR Schlieben/Bornim entwickelt worden war.

Die daraufhin in Gemeinschaftsarbeit zwischen dieser Forschungseinrichtung und dem Brennstoffinstitut Freiberg betriebene Entwicklung führte zu einer der Aufgabenstellung gerecht werdenden radiometrischen Bandwaage, die im folgenden näher beschrieben werden soll.

2. Zu den Grundlagen des Wägeverfahrens

2.1. Zur Auswahl des Strahlers

Die grundlegenden Gesichtspunkte der Arbeitsweise radiometrischer Bandwaagen und speziell der im Forschungszentrum entwickelten Streckenbelegungssonden sind bereits in [2—4] dargestellt worden. Hier sollen deshalb nur ergänzende Bemerkungen dazu mitgeteilt werden.

Anschriften: [1]) 7912 Schlieben, Gartenstraße; [2]) 9200 Freiberg (Sa), Halsbrücker Straße

Bandwaagen bestehen im Prinzip aus 4 Hauptfunktionseinheiten (Abb. 1):

a) Meßwertgeber für die im allgemeinen zeitlich veränderliche Streckenbelegung ($\overset{*}{m}_t$; Masse · Länge^{-1})
b) Meßwertgeber für die im allgemeinen zeitlich veränderliche Geschwindigkeit des Fördergutes (v_t; Länge · Zeit^{-1} = Gurtgeschwindigkeit)
c) Meßwertgeber für die Förderzeit ($t_2 - t_1$; Zeit)
d) Einrichtung, die die von den Meßwertgebern gelieferten Signale zu den im allgemeinen interessierenden Meßgrößen Massestrom ($\dot{m}_t \triangleq$ Durchsatz) und geförderte Masse (m) gemäß

$$m = \int_{t_1}^{t_2} \overset{*}{m}_t \cdot v_t \cdot dt \qquad (1)$$

verarbeitet.

Die verschiedenen Arten von Bandwaagen unterscheiden sich durch das Wirkungsprinzip des Meßwertgebers für die Streckenbelegung ($\overset{*}{m}$): mechanische, elektromechanische Meßwertgeber, Kraftmessung, Profilabtastung, Strahlenstreuung bzw. -absorption. Bei der im folgenden beschriebenen radiometrischen Bandwaage wird zur Gewinnung der Information über die im allgemeinen zeitlich veränderliche

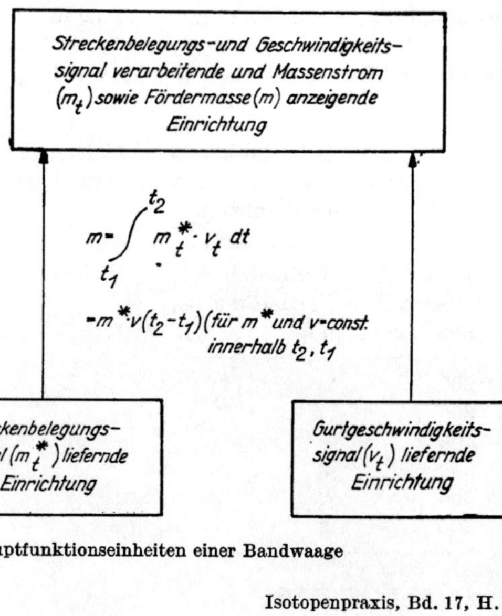

Abb. 1. Hauptfunktionseinheiten einer Bandwaage

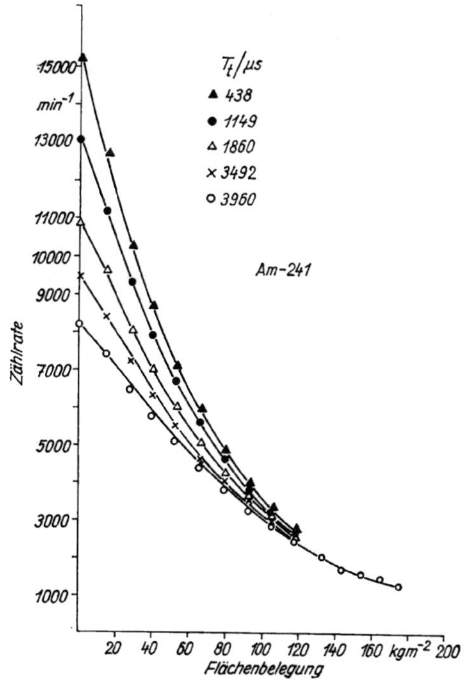

Abb. 2. Nachweis der Linearisierbarkeit exponentieller Transmissionskurven durch (der Registriereinheit aufgeprägte) Sperrzeiten (— berechneter Kurvenverlauf)

Streckenbelegung die Absorption von ionisierender Strahlung (weiche Gammastrahlung) ausgenutzt.

Zur Erzielung einer von der Querverteilung des Gutes auf dem Gurt möglichst unabhängigen Erfassung der Streckenbelegung ist die Sonde quer zur Förderrichtung in mehrere selbständige Teilmeßstrecken zerlegt worden, innerhalb derer die Erfassung der nach wie vor exponentiell verlaufenden Strahlenschwächung durch Sperrzeiten, die den Detektoren (hier Halogenzählrohre) durch eine spezielle elektronische Schaltung ([4], s. u. 2.2.) aufgeprägt werden, bis zur jeweils gegebenen maximalen Streckenbelegung bzw. Flächenbelegung d_{max} linearisiert wird. Die von den einzelnen Abschnitten gelieferten Impulsraten können durch eine einfache Addierstufe zum Gesamtsignal zusammengefaßt werden.

Die den Detektoren (bzw. auch einer nachfolgenden Zählstufe) aufgeprägten Sperrzeiten führen gemäß

$$Z_B = \frac{Z_W}{1 + Z_W \cdot T_t} \tag{2}$$

zu zählratenabhängigen Impulsverlusten. Diese sind bei dichterer Impulsfolge (höhere Zählraten) relativ größer als bei weniger dichter Impulsfolge (niedrige Zählrate), wodurch die „Linearisierung" der Transmissionskurven in bestimmten Bereichen gelingt (Abb. 2).

Es bedeuten in Gl. (2):

Z_W = „wahre" (verlustfreie) Zählrate

Z_B = „beobachtete" (durch die wirksame Sperrzeit verlustbehaftete) Zählrate

T_t = aufgeprägte Sperrzeit.

Unter Einbeziehung von Gl. (2) erscheint das exponentielle Transmissionsgesetz für monoenergetische, parallel sich ausbreitende und eng ausgeblendete Gammastrahlung in folgender Form:

$$Z_B = \frac{Z_{0w} \cdot \exp\left(-\frac{\mu}{\varrho} \cdot d\right)}{1 + Z_{0w} \cdot T_t \cdot \exp\left(-\frac{\mu}{\varrho} \cdot d\right)} \tag{3}$$

Hierin bedeuten die noch nicht benannten Größen:

Z_{0w} = „wahre" (verlustfreie) Zählrate ohne Gut im Strahlengang (Tarazählrate; z. B. min^{-1})
exp. = Basis der natürlichen Logarithmen
μ/ϱ = Massenschwächungskoeffizient (Länge² · Masse⁻¹)
d = Flächenbelegung (Masse · Fläche⁻²).

Gl. (3) stellt eine befriedigende Beschreibung der „linearisierten" Transmissionskurven dar, wenn man eine gegenüber der oszillographisch gemessenen leicht korrigierte Sperrzeit für T_t verwendet (Beispiel in Abb. 2).

Durch diese Linearisierung ergibt sich im jeweiligen Meßbereich eine konstante Meßempfindlichkeit, so daß das Kriterium zur Auswahl der maximale Empfindlichkeit liefernden Gammastrahlungsenergie bei radiometrischen Dichte-, Dicken- und Flächenmeßverfahren nach dem Strahlenschwächungsprinzip

$$\frac{\mu}{\varrho} \cdot d = 1 \tag{4}$$

nicht mehr anwendbar ist (z. B. [6, S. 888]).

Um trotzdem die für das jeweilige Wägeproblem, das in diesem Fall im wesentlichen durch die maximal auftretende Flächenbelegung im Förderstrom charakterisiert wird, optimale Strahlungsenergie (bzw. das geeignetste gammastrahlende Nuklid) zu finden, hat man für die für diesen Einsatzfall überhaupt verfügbaren gammastrahlenden Nuklide die Meßempfindlichkeit gemäß folgendem, aus dem sperrzeitbeeinflußten Transmissionsgesetz (Gl. (3)) gewonnenen Ausdruck zu ermitteln und dasjenige Nuklid zu wählen, das für den geforderten Linearisierungsbereich die größte Meßempfindlichkeit ergibt.

Ausgehend von der Definition für die Meßempfindlichkeit (z. B. [6, 7])

$$E = \left|\frac{\Delta Z}{\Delta d}\right| \tag{5}$$

und unter der experimentell gesicherten Annahme (Abb. 2), daß man den Anstieg der jeweiligen Kalibrierkurve gleich der Steigung der Tangente im Punkt d_{max} der Kalibierkurve setzen kann, erhält man im vorliegenden Fall für

$$E = \frac{Z_{0w} \cdot \frac{\mu}{\varrho} \cdot \exp.\left(-\frac{\mu}{\varrho} \cdot d\right)}{1 + 2 \cdot Z_{0w} \cdot T_t \cdot \exp\left(-\frac{\mu}{\varrho} \cdot d\right) + Z_{0w}^2 \cdot T_t^2 \cdot \exp\left(-2\frac{\mu}{\varrho} \cdot d\right)} \tag{6}$$

mit $0 \leqq d \leqq d_{max}$

Da diese Empfindlichkeit definitionsgemäß mit der Steigung des linearen Teils der Kalibrierkurve identisch ist, gilt für den Zusammenhang zwischen der jeweiligen (beobachteten) Zählrate Z_B und der Flächenbelegung d die lineare Beziehung

$$Z_B = E \cdot d + Z_{B0} \tag{7}$$

Unter Einbeziehung von Gl. (6) erhält man:

$$Z_B = \frac{Z_{0w} \cdot \frac{\mu}{\varrho} \cdot \exp\left(-\frac{\mu}{\varrho} \cdot d\right)}{1 + 2 \cdot Z_{0w} \cdot T_t \cdot \exp\left(-\frac{\mu}{\varrho} \cdot d\right) + Z_{0w}^2 \cdot T_t^2 \cdot \exp\left(-2\frac{\mu}{\varrho} \cdot d\right)} d + Z_{B0} \tag{8}$$

(mit $0 \leqq d \leqq d_{max}$)

Das ist das Transmissionsgesetz in der Form, wie es bei sperrzeitbedingten Verlusten bei den Zählraten innerhalb des jeweils linearisierten Bereiches erscheint.

Zur Optimierung der Anordnung bezüglich der auszuwählenden Strahlungsenergie ist für die verschiedenen in Frage kommenden gammaaktiven Nuklide gemäß Gl. (6) die Meßempfindlichkeit E zu ermitteln und dasjenige Nuklid für den Einsatz auszuwählen, das maximale Meßempfindlichkeit E_{max} liefert.

Im vorliegenden Einsatzfall kommt Americium-241 mit einer Gammaenergie von 64 keV in Frage.

2.2. *Die Linearisierungsschaltung*

Die zur Linearisierung der Transmissionskurven unmittelbar nach jedem einzelnen Detektor eingesetzte elektronische Schaltung arbeitet folgendermaßen [4] (Abb. 3): Die vom Detektor D (in diesem Fall Halogenzählrohre vom Typ VA-Z-221) kommenden Impulse werden in der Impulsformerstufe IF aufbereitet, so daß Impulse mit ausreichender Flankensteilheit und definierter Höhe zur Verfügung stehen. Die sich anschließende bistabile Kippstufe BK nimmt bei jedem folgenden Eingangsimpuls den jeweils anderen stabilen Zustand ein. Ihre beiden Ausgänge (negiert und nicht negiert) werden zur Steuerung zweier unabhängig voneinander arbeitender monostabiler Kippstufen MK 1 und MK 2 benutzt, die wechselseitig geschaltet werden. Auf diese Weise wird erreicht, daß jeder der beiden Kippstufen selbst bei maximaler Zählfrequenz (das bedeutet: nach Ende Kippzeit folgt sofort der nächste Impuls) eine Erholzeit wenigstens von der Größe der Kippzeit zur Verfügung steht, um wieder sicher angesteuert werden zu können. In der anschließenden Addierstufe AS 1 werden die Impulse beider monostabiler Kippstufen zusammengeführt. Sie steuern die Sperrzeitstufe SS in der Weise, daß während der Dauer der Kippzeiten der Detektor abgeschaltet wird (in diesem Fall durch Herabsetzen der Arbeitsspannung unter die Einsatzspannung bei Auslösezählrohren). Ein Impulsverkürzer IV schafft schließlich die Voraussetzung dafür, daß in der folgenden Addierstufe AS 2 die Ausgangsimpulse von den Detektorstufen annähernd verlustlos zusammengefaßt werden und zur weiteren Verarbeitung bereitstehen (SA). Zufällige Koinzidenzen spielen erst bei größeren Stufenzahlen eine Rolle.

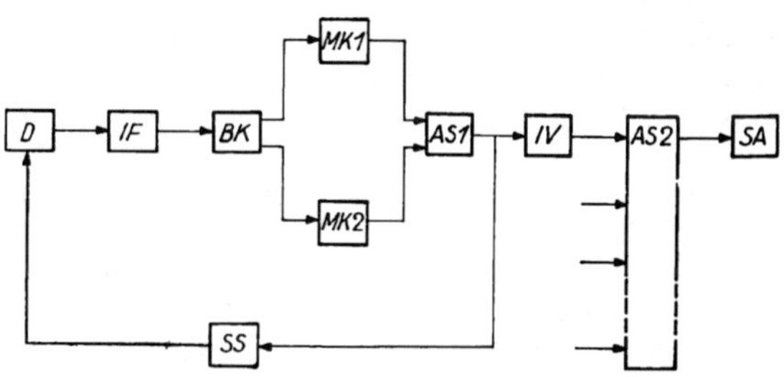

Abb. 3. Prinzipschaltung zur Linearisierung der exponentiellen Transmissionskurven
D = Detektor; IF = Impulsformer; BK = Bistabile Kippstufe; MK1 = Monostabile Kippstufe 1; MK2 = Monostabile Kippstufe 2; AS1 = Addierstufe 1; SS = Sperrzeitstufe; IV = Impulsverkürzer; AS2 = Addierstufe 2; SA = Signalaufbereitung (s. Abb. 4)

3. Signalaufbereitung (Abb. 4)

Die vom Meßkopf der radiometrischen Bandwaage eintreffenden Impulse (Addierstufe AS 2 in Abb. 3), deren Impulsdichte ein Maß für die im Strahlengang des Meßkopfes befindliche Strecken- bzw. Flächenbelegung ist, werden auf den Rückwärtszähleingang eines 5stelligen Vor-Rückwärtszählers gegeben. Zur Kompensation der geringfügig temperaturabhängigen Meßzählrate wird dem Vorwärtszählgang dieses Zählers eine Impulsdichte zugeführt, deren Höhe der Meßzählrate bei leerem Band entspricht, und die deshalb als Vergleichszählrate bezeichnet wird. Erzeugt wird diese Vergleichszählrate in einer Schaltung nach Abb. 3, nur daß die entsprechenden (2) Zählrohre von einer in ihrer unmittelbaren Nähe befindlichen Kleinstquelle (Aktivität unterhalb der Freigrenze) bestrahlt werden, ansonsten aber denselben Temperaturbedingungen unterliegen wie die Meßzählrohre.

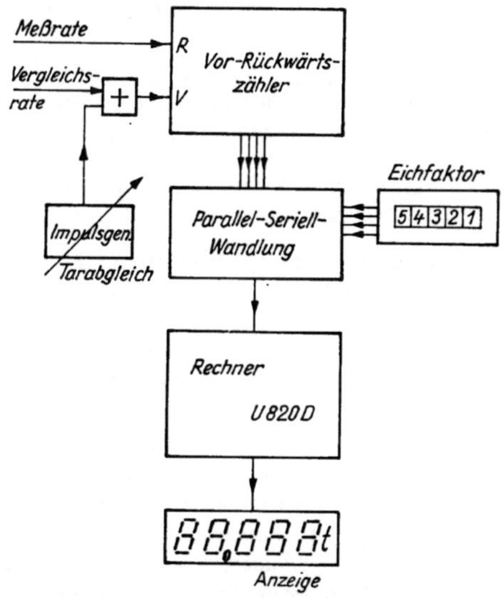

Abb. 4. Prinzipschaltung der Signalaufbereitungselektronik

Zum bequemeren Abgleich der Vergleichsrate (je nach Gurtdicke) werden dieser noch Impulse von einem einstellbaren Impulsgenerator zugefügt, bevor sie an den Vor-Rückwärts-Zähler gelangt. Diese elektronische Abgleichmöglichkeit der Vergleichsrate ist einfacher zu realisieren als eine fein verstellbare Blende vor den Vergleichszählrohren.

Geht man davon aus, daß vor dem eigentlichen Messen innerhalb von mehreren Bandumläufen exakte Gleichheit zwischen Meßzählrate und Vergleichszählrate hergestellt worden ist, wächst der Inhalt des Vor-Rückwärts-Zählers an, sobald eine Belegung des Bandes die Meßrate verringert. Somit stellt der Inhalt des Vor-Rückwärtszählers ein Maß für die geförderte Gesamtmasse dar. Um den exakten zahlenmäßigen Zusammenhang herzustellen, wird der Inhalt des Vor-Rückwärtszählers in kurzen Zeitabständen abgefragt und nach einer Parallel-Serienwandlung in einen Taschenrechnerschaltkreis eingegeben. In diesem Schaltkreis wird der Zählerinhalt mit dem Eichfaktor verknüpft. Der Eichfaktor ist am Ziffernschalter fünfstellig einstellbar und berücksichtigt alle geometrischen Gegebenheiten der

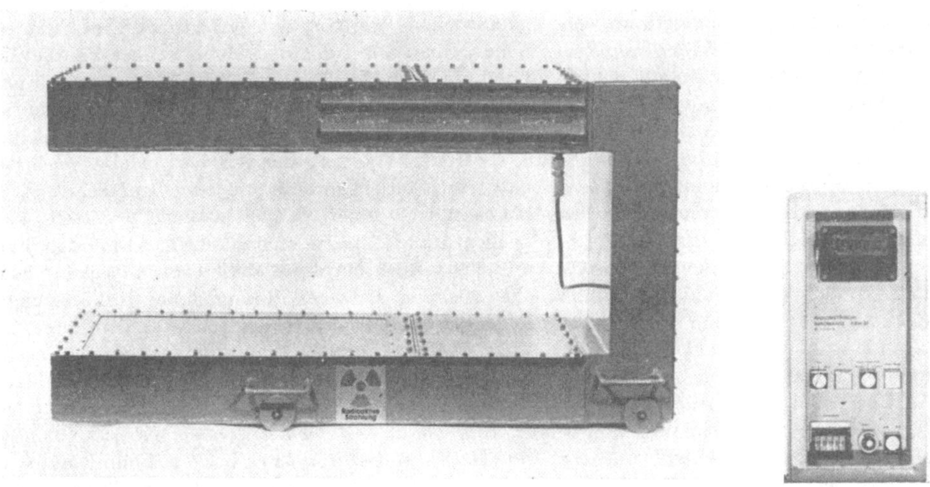

Abb. 5. Ansicht der radiometrischen Bandwaage RBW 01

Meßstelle sowie die jeweilige (aber als konstant nachzuweisende) Geschwindigkeit des Gurtes und die stoffliche Zusammensetzung des Meßgutes. Die Masse ist als Ergebnis direkt zahlenmäßig an einer 5stelligen 7-Segmentanzeige ablesbar. Die größtmögliche Anzeige ist in diesem Fall 99,999 t. Die Elektronik ist weitestgehend mit integrierten Schaltkreisen (TTL und MOS) aufgebaut und bildet mit der Waage eine konstruktive Einheit.

4. Spezielle Angaben zur radiometrischen Bandwaage RBW 01

4.1. Der Meßkopf

Der Meßkopf der radiometrischen Bandwaage RBW 01 (Abb. 5) besteht im Prinzip aus 3 Hauptteilen, dem Quellenteil, dem Detektorteil sowie dem Halte- und Stabilisierungsrahmen. Er besitzt eine Meßbreite von 450 mm, die aber für andere Einsatzfälle in Stufen von etwa 100 mm verändert werden kann. Die lichte Höhe von 300 mm ermöglicht den Einsatz an den Koksaustragsbändern unter Beibehaltung der seitlichen Verkleidung (Leitbleche) dieser Bänder. An den vorgesehenen Meßstellen sind lediglich zwei Führungsschienen mit einer Arretierung anzubringen, auf denen der Meßkopf in das Förderband von einem Transportwagen aus eingeschoben werden kann (Räder in Abb. 5 und 6).

Vor dem Meßkopf ist ein Fühlhebel angeordnet, dessen mechanische Befestigung in der Gurtbandanlage so ausgeführt ist, daß extreme Koksschüttungen auf 120 mm Höhe eingeebnet werden. Beim Anheben des mechanischen Tasthebels durch eintreffenden Koks schaltet sich die Waage selbständig ein und nach Ablaufen einer bestimmten Verzögerungszeit wieder aus.

Der automatische Fühlhebel verringert die Meßunsicherheit der Waage dadurch, daß die Aufsummierung der unregelmäßig ausgetragenen Koksmassen nur bei tatsächlich belegtem Band erfolgt und die im Vergleich zu den belegten Abschnitten wesentlich längeren unbelegten Bandabschnitte gleichsam ausgesondert werden. Der hohe Anteil an unbelegtem Band würde im Falle eines nicht völlig auskompensierten Leerbandwertes zur deutlichen Vergrößerung der Meßunsicherheit führen.

Der Quellenteil (Abb. 5 unten) enthält insgesamt 8 Strahlungsquellen (je 3,7 GBq (100 mCi)) Americium-241 umschlossen als weicher Gammastrahler, die so gegeneinander versetzt angeordnet und ausgeblendet sind, daß der

Abb. 6. RBW 01 im Einsatz

gesamte Sondenquerschnitt lückenlos durchstrahlt wird (ähnlich wie in [2, Abb. 3]). Jeder Quelle sind im Detektorteil 2 Zählrohre zugeordnet (s. w. u.). Die Quellen sind durch mehrfache Verschraubungen ausreichend gegen Verlust und unbefugten Zugriff gesichert. Die trichterförmigen, etwa 10 cm tiefen Stahlblenden, auf deren Grund die Quellen sitzen, und eine Abdeckplatte aus Aluminium gewährleisten auch einen ausreichenden Schutz der dünnwandigen Strahlenaustrittsfenster der Quellen vor mechanischen Zerstörungen.

Im Detektorteil (Abb. 5 oben) sind insgesamt 16 Gammazählrohre vom Typ VA-Z-221 eingebaut. Die Zählrohrpaare sind so gegeneinander versetzt, daß sie über die Breite der Sonde zwei Langdetektoren konstanter axialer Empfindlichkeit ergeben (ähnlich wie in [2, Abb. 4]).

4.2. Das Elektronikteil (Wägeschrank)

Die notwendige Aufbereitungselektronik ist in einem kleinen Schrank untergebracht, der in Schutzart IP 54 ausgeführt ist. Der Schrank ist nicht größer als ein üblicher Kompensationsbandschreiber. Er verbleibt während der Messung auf dem o. g. Transportwagen.

Die Waage wird folgendermaßen bedient: Bei leerem, aber laufendem Band ist zunächst der Nullpunkt der Anzeige durch Betätigen eines Potentiometers abzugleichen (Taraabgleich). Dieser Vorgang ist gewissenhaft durchzuführen, weil davon die Meßgenauigkeit entscheidend beeinflußt wird.

Danach kann die Messung (Wägung) durchgeführt werden. Voraussetzung dafür ist, daß der Eichfaktor durch Versuchswägungen bekannt ist und richtig eingestellt wurde. Bei der Ausführung der radiometrischen Bandwaage für die Kokerei ist der Wert des Eichfaktors vom jeweiligen Aschegehalt und von der Bandgeschwindigkeit der jeweiligen Ofeneinheit, an der gemessen werden soll, abhängig. Diese Werte sind tabellarisch erfaßt, und die Bereitstellung des Eichfaktors bereitet keine Schwierigkeiten.

Die Messung (Wägung) wird durch Drücken der Starttaste begonnen. Alle 1,5 Sekunden wechselt das Ergebnis in der Anzeige. Die Konstanz der Wägeempfindlichkeit kann überprüft werden, indem in den Strahlengang eine Absorberplatte konstanter und bekannter Flächenbelegung gebracht wird. Um diese Überprüfung zu ermöglichen, ist im Meßschrank ein Zeitgeber mit Quarzgenauigkeit eingebaut, der den Impulsverlust, den die Absorberplatte hervorruft, über eine definierte Zeit registriert (1, 10 oder 100 s) und dann den Meßkanal wieder sperrt. Diese Impulszahl ist bekannt, und Abweichungen davon deuten auf einen Defekt in der Wägeeinrichtung hin.

4.3. *Leistungsfähigkeit, Strahlenschutz*

Als Ergebnis der ersten praktischen Erprobung der radiometrischen Bandwaage RBW 01 an den Koksausgtragsbändern wurde bei Einzelmessungen von jeweils etwa 10 t BHT-Koks ein maximaler relativer Fehlerbereich von +2,7% bis −2,9% erreicht. In diesem Fehler ist der Fehler der Fahrzeugwaage (für Vergleichswägungen), die zur Verfügung stand, jeweils zuungunsten des relativen Fehlers der RBW 01 mit inbegriffen.

Zur Erfassung der bei Förderbändern im allgemeinen schwankenden Massestromgeschwindigkeit (Gurtgeschwindigkeit) kann ein Geschwindigkeitssignal mit berücksichtigt und verarbeitet werden. Ist der durch die Geschwindigkeitsschwankung zur Gesamt-Meßunsicherheit hinzukommende Anteil nachgewiesenermaßen vernachlässigbar, dann kann — wie im Falle des Einsatzes an den Koksaustragsbändern des Gaskombinates „Schwarze Pumpe" — auf einen Geschwindigkeitsgeber verzichtet werden.

Beim Strahlenschutz ist folgendes zu beachten: Bei den mit ^{241}Am bestückten RBW 01 herrscht außerhalb des eigentlichen Strahlenganges eine so niedrige Dosisleistung, daß sich auch dosimetrisch nicht überwachte Personen in unmittelbarer Nähe der Sonde ununterbrochen (volle Arbeitsschicht) aufhalten dürfen. Manipulationen im Strahlengang sind jedoch untersagt. Kontrollmessungen und notwendige Manipulationen an den Quellen selbst sind nur von entsprechend eingewiesenen Mitarbeitern vorzunehmen.

5. Hinweise zu Einbau, Kalibrierung und Wartung

Dank der gewählten Aufteilung der Sondenbreite in einzelne Segmente können Waagen von diesem Typ für nahezu beliebig breite Masseströme (Gurtbreiten) ausgelegt werden. Die RBW 01 kann sowohl an stationären als auch an mobilen Gurtbandförderern, wie z. B. zum Zwecke der maximalen Auslastung (Belastung) von Lastkraftwagen, Waggons und dergleichen, eingesetzt werden. Es sind keine aufwendigen Montage- und Justierarbeiten erforderlich. Ein Einsatz an steigenden oder fallenden Gurtbandförderern ist möglich. Bandspannungs- und Laufrichtungsänderungen sowie Schwingungen wirken sich auf das Wägeergebnis nicht aus. Gegen Überlastungen im Sinne wesentlicher Überschreitung des Meßbereiches ist die RBW 01 unempfindlich. Die Einbaustellen können sich in unmittelbarer Nähe von Abstreifern befinden. Staubeinwirkung führt bei der RBW 01 nicht zu höherem Verschleiß.

Die Kalibrierung der RBW 01 erfolgt bei ihrem Einbau in ein Förderband mit dem jeweiligen Schüttgut, dessen Masse mittels einer Vergleichswaage ermittelt wird (Betriebsprüfung [9]). In regelmäßigen Abständen hat dann mit einer Absorberplatte definierter Strecken- bzw. Flächenbelegung die Überprüfung dieser Kalibrierung zu erfolgen. Eventuell auftretende Materialeinflüsse auf das Wägeergebnis können über einen dezimal einstellbaren Eichfaktor korrigiert werden. Eine durch die natürliche Abnahme der Aktivität bedingte Nachjustierung ist nicht erforderlich, da das hier zunächst eingesetzte Nuklid (^{241}Am) eine Halbwertszeit von 450 a besitzt. Beim Einsatz anderer Radionuklide ist das jedoch gegebenenfalls zu beachten.

Die Reinigung der Waage ist unproblematisch, und Maßnahmen zur planmäßigen vorbeugenden Instandhaltung an der RBW 01 wirken sich nicht störend auf den Förderprozeß aus; ein Austausch einzelner Teile oder der gesamten Waage ist leicht und schnell realisierbar.

6. Schlußbemerkungen

Die in Gemeinschaftsarbeit zwischen dem Brennstoffinstitut Freiberg und dem Forschungszentrum für Mechanisierung der Landwirtschaft der Akademie der Landwirtschaftswissenschaften der DDR, Schlieben/Bornim, entwickelte radiometrische Bandwaage für Austragsmessungen an Vertikalkammeröfen bei der BHT-Koksproduktion zeichnet sich durch Mobilität, Erfassung des Gutes auch bei Bandbelegungen unter 20% von der Nennbelegung sowie durch hohe zeitliche Konstanz der Anzeige aus.

Die durchgängige digitale Verarbeitung vermeidet Bauelemente der analogen Technik, die nur mit hohem Aufwand temperaturstabil gehalten werden können. Darüber hinaus werden Fehler, die durch die A/D- bzw. D/A-Umsetzung entstehen, durch diese Verarbeitungsweise ausgeschlossen. Im vorliegenden Entwicklungsmuster wurde die Verarbeitung durch den Einsatz des Rechnerschaltkreises U 820 realisiert, der die rechentechnische Aufbereitung der Zählrohrimpulse bis hin zur Anzeige der geförderten Masse übernimmt (Meßsignal).

Die maximale Meßunsicherheit (Wägefehler) liegt unter ±3%.

Eingegangen am 1. 10. 1980

Literatur

[1] *D. Steuer, W. Mottitschka*, Mitteilungen des Brennstoffinstituts Freiberg 8 (1977) 11

[2] *M. Gläser*, Isotopenpraxis 12 (1976) 160

[3] *M. Gläser, M. Beer*, DDR-Patentschrift Nr. 101757 vom 12. 11. 1973. IPK GO 1g, 11/04

[4] *M. Gläser* u. a., DDR-Patentschrift Nr. 130963 vom 12. 5. 1978. IPK GO 1g, 11/00

[5] *G. S. Feinberg*, Power and Plant, Aug. 1971, S. 1–6

[6] *W. Hartmann* (Herausgeber), Meßverfahren unter Anwendung ionisierender Strahlung (Bd. V des Handbuchs der Meßtechnik in der Betriebskontrolle). Akademische Verlagsgesellschaft Geest u. Portig KG., Leipzig 1969

[7] TGL 0-1319, Meßtechnik, Grundbegriffe, 1. 10. 1967

[8] *D. Steuer, P. Kästner, G. Zobel*, DDR-Patentschrift Nr. 132208 vom 6. 9. 1978. IPK G0 1 G, 11/00

[9] Eichvorschrift „Förderbandwaagen", ASMW-VM 166. 3. 1. EV, vom 1. 7. 1977

Нелинейный фильтр стохастических сигналов

Л. Гонсёровски, Т. Квасневски

(Институт ядерных исследований, Отделение ХУА Аппаратуры и Изотопных Методов, Варшава)[1]

Описан нелинейный низкочастотный фильтр, предназначенный для сглаживания стохастических флюктуаций аналогово сигнала в радиометрических приборах непрерывного действия. Приведены результаты определения эффективности сглаживания и область применения нелинейного фильтра.

Keywords

control systems; electronic circuits; electronic equipment; electronic filters; radiometric instruments; stochastic processes

В радиометрических приборах очень часто используются большие постоянные времени цепей с целью подавления статистических флюктуаций радиометрического сигнала. Следствием этого является увеличение времени ответа прибора на изменения измеряемой величины. Чтобы сохранить динамические свойства при одновременном большом подавлении флюктуаций применяются нелинейные усредняющие фильтры [6]. К этому классу фильтров принадлежит тоже фильтр осуществляющий автоматическое изменение постоянной времени [1, 4]. Для такого фильтра характерна малая постоянная времени при больших изменениях среднего значения измеряемого сигнала, большая постоянная времени а так же большое подавление флюктуаций в случае, когда изменения сигнала не превышают определенных пределов.

В работе [1] нет данных по которым можно было бы определитъ оптимальные параметры фильтра.

Предлагаемая, новая схема фильтра изображена на рис. 1. Фильтр F предназначен для предварительной обработки радиометрического сигнала. Вторая фильтрующая цепь состоит из емкости C и резистора R. Её усиление для постоянной составляющей равно $R_b/R_a + R_b$, а постоянная времени равна $\tau = \left(1 + \frac{R_a}{R_b}\right) \cdot RC$

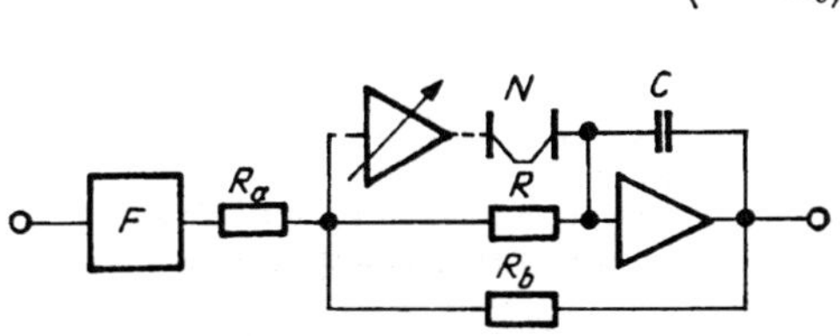

Рис. 1. Предлагаемая схема фильтра

Резистор R шунтирован нелинейной схемой. Нелинейное сопротивление урпавляется усилителем с регулируемым коэффициентом усиления, что позволяет изменять параметры нелинейности.

Ввиду затруднений при математическом определении стохастических параметров нелинейного инерционного фильтра и малой популярности приборов предназначенных для измерения этих параметров стохастических процессов возникает необходимость практической регулировки схемы по экспериментально однозначно определенным зависимостям. Однозначность проще всего обеспечивается в том случае, когда нелинейным элементом является симметричный запорный вентиль отличающийся большой крутизной характеристики (рис. 2). Параметр ε назван зоной нечувствительности. На схеме показанной на рис. 1 вентиль N является двухполюсником состоящим из двух переходов база-эмиттер кремниевых транзисторов типа *p-n-p*.

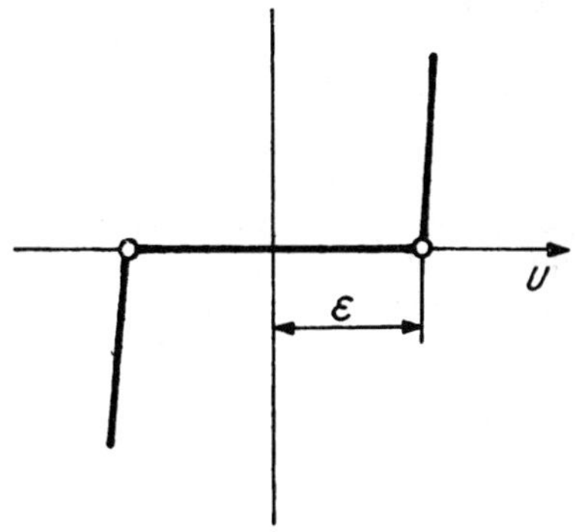

Рис. 2. Характеристика вентиля *И*

Мерой эффективности нелинейного фильтра принято считать отношение σ^2/σ_1^2 в котором σ^2 является дисперсией стационарного процесса на выходе фильтра. Ниже σ_1^2 является условной величиной, равной дисперсии пуассоновского процесса фильтруемого инерционной цепочкой первого порядка с постоянной времени τ_1 и соответствующим ей временем ответа T. Время ответа исчисляется от момента подачи скачкообразного сигнала на вход до момента достижения выходным сигналом величины 0,9 конечного значения. Эффективность фильтра исследовалась как функция ширины относительной области нечувствительности ε/σ_1.

На рис. 3 показана часть стационарного пуассоновского импульсного процесса после его формирования на простой (однозвеньевой) инерционной цепочке, а так же соответствующая ей часть процесса на выходе нелинейного фильтра для случая, когда $\frac{\varepsilon}{\sigma_1} = 2{,}5$. Скачки выходного сигнала вызваны флюктуациями входного сигнала превышающими уровень ε/σ_1. Эти флюктуации заряжают емкость C через вентиль N. Емкость C мо-

[1]) Адрес: 03-195 Варшава, улица Дородна 16, Польша

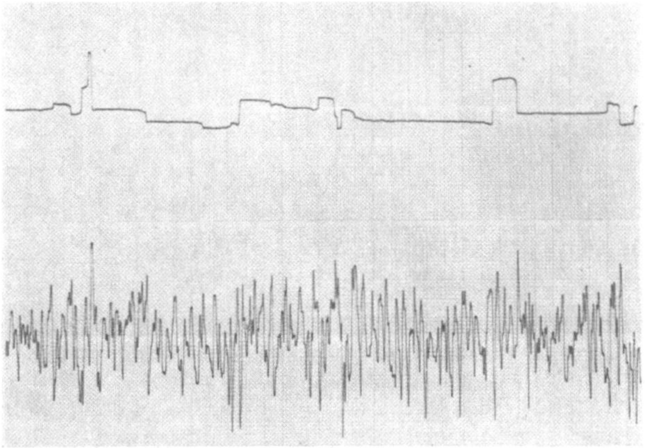

Рис. 3. Гистограмма входного процесса перед (нижняя кривая) и после (верхняя кривая) прохождения через фильтр

жет либо разрядиться с постоянной времени τ, или нейтрализоваться флюктуацией обратного знака.

Увеличение постоянной времени τ вызывает, с одной стороны, уменьшение дисперсии σ^2 выходного процесса для $\frac{\varepsilon}{\sigma_1} \to \infty$, но с другой стороны вызывает увеличение этой дисперсии в результате увеличения способности запоминания флюктуационных выбросов в емкости C. Экспериментально установлено [2], что для фильтра F состоящего из инерционной цепочки RC первого порядка, зависимость $\left(\frac{\sigma}{\sigma_1}\right)^2 = f\left(\frac{\tau}{\tau_1}\right)$ имеет минимум в диапазоне $\frac{\tau}{\tau_1} = 2{,}10 \div 10^2$, который зависит от $\frac{\varepsilon}{\sigma_1}$.

На рис. 4 показано положение оптимума фильтрующих свойств схемы для $\frac{\varepsilon}{\sigma_1} = 2{,}5$ и импульсного пуассоновского процесса после его формирования в фильтре F характеризующемся постоянной времени τ_1.

Для того же входного процесса и $\frac{\tau}{\tau_1} = 20$ измерена зависимость $\left(\frac{\sigma}{\sigma_1}\right)^2 = f\left(\frac{\varepsilon}{\sigma_1}\right)$ (рис. 5). Измерения выполнены со статистической погрещностью меньше чем 3%.

С случае, когда фильтр F представляет собой простую (однозвеньевую) инерционную цепочку с временем нарастания T, а емкость $C = 0$, тогда можно по известной расчетной процедуре [3] получить зависимость вида:

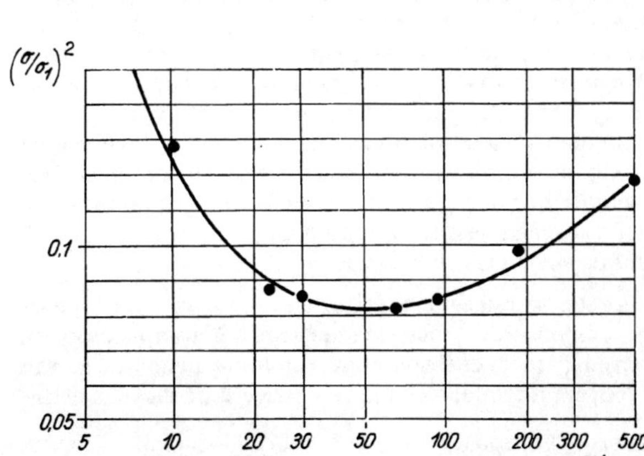

Рис. 4. Подавление случайности входного процесса фильтра как функция τ/τ_1. Кривая получена теоретически [2] и подтверждена экспериментально.

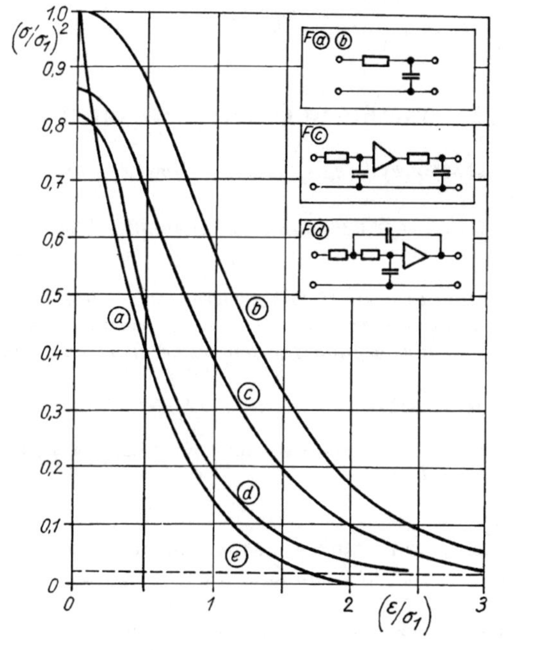

Рис. 5. Кривые зависимости $\left(\frac{\sigma}{\sigma_1}\right)^2 = f\left(\frac{\varepsilon}{\sigma_1}\right)$ для схемы так на рис. 1 и фильтра F с временем ответа T, в случае когда:

а) Фильтр F представляет собой инерционную цепочку первого порядка, $R = \infty$, $C = 0$

б) Фильтр F представляет собой инерционную цепочку первого порядка, а $\frac{\tau}{\tau_1} = 20$

в) Фильтр F является инерционной цепочкой RC второго порядка с τ как выше

г) Фильтр F является активным фильтром RC, а τ равно как на кривой б

е) Асимптота к которой стремится кривые б, в, г когда ε/σ_1 стремится к бесконечности

$$\left(\frac{\sigma}{\sigma_1}\right)^2 = 4\left\{\left[1 - \varphi\left(\frac{\varepsilon}{\sigma_1}\right)\right]^2 + \frac{1}{3!}\varphi^2\left(\frac{\varepsilon}{\sigma_1}\right) + \frac{1}{5!}\varphi^4\left(\frac{\varepsilon}{\sigma_1}\right) + \ldots\right\} \quad (1)$$

Построенная по етой зависимости и проверенная экспериментально кривая показана на рис. 5 (кривая ,,а‘‘). Кривая ,,в‘‘ получена по измерительным данным для случая как выше но при $C \neq 0$ и $\frac{\tau}{\tau_1} = 20$. Сравнивая кривые ,,а‘‘ и ,,в‘‘ можно заметить влияние емкости C на величину дисперсии стационарного выходного процесса. При $\frac{\varepsilon}{\sigma_1} = 3$ эффект запоминания емкостью C флюктуации приводит к етому, что $\left(\frac{\sigma}{\sigma_1}\right)^2$ равно приблизительное 0,05. Дальнейшее улучшение действия фильтра заключается в такой предварительной обработке входного процесса, чтобы флюктуации этого процесса превышали уровень с меньшей частотой. Это достигается путем применения фильтров F более сложной структуры при сохранении такого же времени ответа T. Частота флюктуационных выбросов для инерционных фильтров более высокого порядка для определенного времени ответа T в этом случае уменьшается [4]. Кривая ,,с‘‘ на рис. 5 соответствует измерениям дисперсии выходного процесса в случае применения инерционного F фильтра состоящего из двух цепочек с временем ответа T таким же как в случае кривой ,,в'', для которого передаточная функция при $k = 0$ определяется по формуле:

$$K(s) = \frac{1}{\tau_1^2 s^2 + s\tau_1(2 - k) + 1} \tag{2}$$

Наконец кривая ,,d'' на рис. 5 построена по результатам измерений в том случае, когда фильтр F был инерционным критически активным фильтром второго порядка ($k = 0{,}84$) обладающим временем ответа T идентичным как для кривых ,,в'' и ,,с''.

На основе сведений полученных в настоящей работе построена новая схема нелинейного фильтра, сглаживающего флюктуации радиометрического сигнала, изображенная на рис. 1, а так же дано более точное, по сравнению с ранее встречающимся [1, 5], описание его работы основанное на экспериментальных данных. Полученные измерительные данные свидетельствуют о том, что отношение $\frac{\varepsilon}{\sigma_1} = 3$ не является лучшим, как это часто утвержается в литературе. В последнем случае достаточная фильтрация достигается лишь предварительной обработки процесса на активном фильтре второго порядка.

Поступила в редакцию 1/X, 1980 г.

Литература

[1] *J. Graftieaux Rivaillier*, Saclay Raport DE (SEA 1336) 757 (1960)
[2] *L. Gąsiorowski, J. Podgórski*, INR Raport 1593/XVA/E/B
[3] *В. И. Тихонов*, Статистическая радиотехника, Советское радио, Москва 1966
[4] *L. Gąsiorowski, T. Kwaśniewski*, INR Rapport (в печати)
[5] *В. В. Матвеев, В. И. Хазанов*, Приборы для измерения ионизирующих излучений, Атомиздат, Москва 1967
[6] *Beneš*, Statistical Dynamics of Automatic Control Systems, Iliffe Books Ltd. London 1967

Probleme bei der Darstellung von ^{113m}In-Kolloid nach Einsatz eines modifizierten ^{113}Sn^{113m}In-Generators

P. Langner, P. Kleinert

(Radiologische Klinik und Poliklinik der Medizinischen Akademie Erfurt)[1]

Für die Darstellung von ^{113m}In-Kolloid zur Leberszintigraphie muß neben dem Indium eine bestimmte Konzentration an Trägersubstanz vorliegen. Die im Eluat bereits vorhandene Verunreinigung an Zirkon ist dafür geeignet, wenn sie einen Wert von $0{,}5 \times 10^{-6}$ g Zr/ml erreicht (zulässige Verunreinigung 10^{-6} g/ml). Wird dieser Wert unterschritten, ist ein Zusatz von 4×10^{-6} g Fe/ml Eluat erforderlich.

Keywords

impurities; indium 113*m*; liver; nuclear medicine; radioisotope generators; radioisotope scanning; radiopharmaceuticals; tin 113

1. Einleitung

Im Zeitraum von 1973—1980 wurde bei 1300 Patienten die Leberszintigraphie mit ^{113m}In-Kolloid durchgeführt. Die Darstellung des Kolloids erfolgte nach einer modifizierten Vorschrift von *Potchen* [4] durch Zugabe von 0,45 mol/l Phosphatpuffer zum sterilen Eluat bis zum Erreichen des *p*H-Wertes 6,6.

Während bei Verwendung des insterilen Sn/In-Generators (ZfK Rossendorf) in allen Fällen eine regelrechte Speicherung des In-Kolloids auftrat, kam es nach der Umstellung auf den Sterilgenerator (ZfK Rossendorf) verschiedentlich zu Schwierigkeiten. In unregelmäßigen Zeitabständen wurde eine verminderte Aktivitätsanreicherung im Leber-RHS, bei gleichzeitiger Aktivität im Blutpool, beobachtet. Dieser Effekt trat besonders nach mehrmaliger täglicher Elution auf.

Die In-Konzentration im Eluat beträgt bei täglicher Elution ca. 10^{-9} g/ml. Infolge dieser geringen Konzentration müssen zur Bildung des Kolloids noch andere Substanzen im Eluat beitragen. Als mögliche Trägersubstanzen kommen folgende Generatorverunreinigungen in Betracht: Zinn aus der Muttersubstanz, Zirkon aus der Trägersubstanz ZrO_2 und Eisen aus dem Elutionsmittel 0,05 mol/l HCl.

Der Einfluß dieser Verunreinigungen auf die Kolloidbildung war der Gegenstand unserer Untersuchungen.

2. Material und Methoden

2.1. *Prüfungsmethode für die Kolloidbildung*

Als geeignetes Maß für die Kolloidbildung erwies sich die Filterretention auf einem Membranfilter der Porenweite 0,2 µm (SM 11307, Sartorius-Membranfilter GmbH, Göttingen).

Für die Untersuchungen wurde jeweils ein Aliquot der kolloidalen Lösung durch ein Sterilfilter gegeben und der auf dem Filter zurückgehaltene Aktivitätsanteil bestimmt. Dabei ergab sich eine gute Korrelation zwischen den gefundenen Retentionswerten und dem biologischen Verhalten des In-Kolloids bei der Leberszintigraphie. Werden mehr als 70—80% der Aktivität auf dem Filter zurückgehalten, ist ein gutes Speicherverhalten gegeben. Bei einem Retentionsanteil von 30—40% tritt bereits eine stark verminderte Speicherung im Leber-RHS auf.

2.2. *Einfluß der Verunreinigungen auf die Kolloidbildung*

Zum Eluat wurde Zirkon bzw. Eisen im Bereich von $0{,}5 \times 10^{-6}$ bis 10^{-5} g/ml zugegeben. Nach dem Einstellen des *p*H.

[1]) Anschrift: 5060 Erfurt, Nordhäuserstr. 74

Wertes mit Phosphatpuffer und 5minütiger Inkubation unter leichtem Schütteln wurde der Retentionsanteil auf dem Filter bestimmt. Da der Zinn- und Zirkon-Anteil im Eluat in Abhängigkeit von der Standzeit zur vorherigen Elution ansteigt, wurde der Generator jeweils eine Stunde vor Versuchsbeginn mit 3 × 15 ml 0,05 mol/l HCl voreluiert.

3. Ergebnisse und Diskussion

Entsprechend Abb. 1 zeigen Zirkon und Eisen in dem untersuchten Konzentrationsbereich einen starken Einfluß auf die Filterretention des In-Kolloids, wobei Zirkon bereits in geringeren Konzentrationen wirksam ist. Wie ersichtlich, muß das Eluat für eine ausreichende Kolloidbildung zur Leberdarstellung eine Konzentration von mindestens 5×10^{-7} gZr/ml bzw. 4×10^{-6} g Fe/ml besitzen.

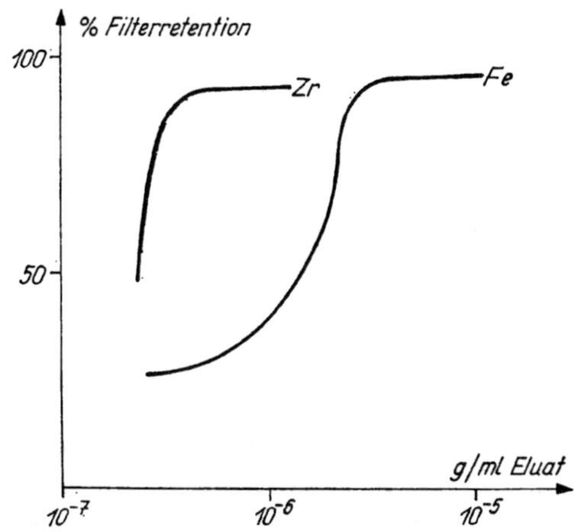

Abb. 1. Abhängigkeit der Filterretention auf einem Membranfilter (0,2 µm) von der Zirkon- und Eisen-Konzentration

Die erforderliche Mindestmenge an Zirkon kann in Abhängigkeit von der Qualität des eingesetzten Generators bzw. von der Standzeit zur vorhergehenden Elution bereits im Eluat enthalten sein. Entsprechend den Güterichtlinien des ZfK Rossendorf beträgt der zulässige Zirkongehalt 10^{-6} g/m^6 [5]. Bei Eluatproben, die einem Generator unterschiedlicher Standzeit entstammen, wurden bis zu $0{,}6 \times 10^{-6}$ g Zr/ml gefunden. Dieser Zirkongehalt, der einer Standzeit von zwei Tagen entspricht, ist für die Kolloidbildung schon ausreichend.

Der Eisengehalt des Elutionsmittels (0,05 mol/l HCl) lag bei den einzelnen Chargen im Bereich von 0,4 bis $0{,}6 \times 10^{-6}$ g/ml. In Übereinstimmung mit Abb. 1 übt Eisen in dieser Konzentration nur einen sehr geringen Einfluß auf die Kolloidbildung aus.

Wie bereits beschrieben, kann die zur Kolloidbildung erforderliche Menge an Zirkon unter bestimmten Bedingungen schon im Eluat vorhanden sein. Bei mehrmaliger täglicher Elution bzw. bei Anwendung von Generatortypen, die nur eine geringe Zirkonverunreinigung zulassen, wird dieser Wert nicht erreicht.

Infolge des letztgenannten Effektes kam es zu den beschriebenen Schwierigkeiten bei der Umstellung vom insterilen auf den sterilen Sn/In-Generator. Wie festgestellt wurde, weist letzterer einen geringeren Anteil an Zirkonverunreinigungen auf.

Zur Gewährleistung einer gleichbleibenden Qualität der kolloidalen Lösung, auch bei verminderter Zirkonkonzentration, ist ein Zusatz der erforderlichen Mindestmenge an Zirkon oder Eisen nötig.

Um eine Konzentration von 4×10^{-6} g Fe/ml Eluat zu erreichen, werden zu 10 ml Eluat 0,2 ml einer Eisenchloridlösung (100 mg $FeCl_3 \times 6\ H_2O$/100 ml 0,1 mol/l HCl) gegeben.

Nach dieser Vorschrift wurden bei 200 Patienten die Leberszintigraphie durchgeführt, wobei in allen Fällen eine gleichmäßige Kolloidspeicherung beobachtet werden konnte. Der Zusatz eines Schutzkolloids [1, 2, 3, 6] erwies sich als nicht erforderlich, da es durch den Eisenzusatz auch nach zwei Stunden Standzeit des Präparats nicht zur Bildung von Makroaggregaten kam. In keinem Fall erfolgte eine Mitdarstellung der Lunge.

Eingegangen am 30. 9. 1980

Literatur

[1] *J. A. Burdine*, Radiolog 93 (1969) 605
[2] *L. G. Colombetti, D. A. Goodwin, R. Hermanson*, J. Nucl. Med. 10 (1969) 597
[3] *L. G. Colombetti, R. Hermanson, D. A. Goodwin*, J. Nucl. Med. 9 (1968) 310
[4] *E. J. Potchen*, 113*m*-Indium-Kolloid zur Leber-Milz-Szintigraphie. Firmenschrift Byk Mallinckrodt, Chem. Produkte GmbH, Frankfurt Main (1969) 5
[5] Präparatepaß ^{113}Sn/^{113m}-Generator, ZfK Rossendorf der AdW der DDR
[6] *R. Vigneri, D. Papalia, L. Motta*, J. Nucl. Biol.. Med. 13 (1969) 106

Физико-химические свойства меченых микросфер альбумина, получаемых активацней нейтронами

В. М. Петриев, В. И. Степченков, Дж. Г. Хачиров

(Научно-исследовательский институт медицинской радиологии АМН СССР, Обнинск)[1]

*В настоящей работе приведены результаты изучения некоротрых физико-химических и радиохимических свойств микросфер альбумина, меченных различными элементами, активируемые нейтронами. В качестве элемента-метки были использованы Mn, Eu, Лu, Au. Содержание элемента в микросферах прямо зависит от концентрации его в реакционной смеси. Изменение концентрации элемента в растворе белка не оказывает заметного влияния на размер частиц. Плотность микросфер альбумина прямо зависит от атомной массы и содержания элемента в частицах. Прочность радионуклида с микросферами при 20—50°*C *повышается при обработке частиц раствором аммиака.*

Keywords

albumins; chemical properties; microspheres; neutrons; physical properties; radioactivation; radiopharmaceuticals

Увеличение перечня радионуклидов, которые могут быть включены в состав микросфер альбумина сыворотки крови человека, расширяет возможности применения этого радиофармацевтического препарата в медикобиологических исследованиях и при моделировании радиоактивных аэрозолей. Эффективность применения меченых микросфер в радионуклидной диагностике и при моделировании радиоактивных аэросолей зависит от физико-химических свойств препарата. Эти звойства могут варьировать в широких пределах и формируются от конкретной цели применения препарата.

Получение микросфер с заданными физико-химическими свойствами требует внесения в способы их получения соответствующих изменений. В зарубежной и отечественной литературе описаны способы получения меченых микросфер из различных материалов. Все эти способы сводятся либо к получению немеченых частиц с последующей меткой их радионуклидами, либо к получению микрочастиц из исходного радиоактивного материала [1—5]. В первом случае радионуклиды распределяются на поверхности частиц, вовтором — равномерно по всему их объему [2].

Для получения меченых микросфер альбумина сыворотки крови человека, используемых в радионуклидной диагностике различных заболеваний, применяют преимущественно первый способ. Он относительно прост и позволяет метить микросферы короткоживущими радионуклидами непосредственно перед исследованием. Кроме того, распределение радионуклидов на поверхности частиц способствует ускорению его выведения из обследуемого органа и организма, что снижает уровни облучения отдечьных органов и организма в целом.

Для моделирования радиоактивных аэрозолей используются микросферы из стекла или полимеров, которые получаются термическим или катодным напылением элементов, активируемых нейтронами [3, 4]. Этот метод позвоялет получать микрочастицы высокой удельной активности, однако он сравнительно сложный. Кроме того такие микросферы не могут найти применение в радионуклидных медико-биологических исследованиях.

Учитывая перспективность применения меченых микросфер альбумина сыворотки крови человека в радионуклидной диагностике и для моделирования радиоактивных аэрозолей, нами был разработан новый способ получения микросфер альбумина высокой удельной активности [5, 6]. Суть способа состоит в том, что в частицы вводятся стабильные элементы с последующей их потоком нейтронов. Новый способ расширяет перечень радионуклидов для метки препарата, а также позволяет получать микросферы высокой удельной активности, которые могут применяться как в медико-биологических исследованиях, так и для моделирования радиоактивных аэрозолей.

Физико-химические совйства микросфер альбумина, меченных нейтронно-активационным способом еще не изучены. В настоящей работе приведены результаты изучения некоторых физико-химических и радиохимических свойств препарата.

Методики

Для получения микросфер альбумина, содержащих различные элементы, использовали нитраты европия, лотеция, хлорид марганца и золотохлористоводюродную кислоту. Растворы перечисленных соединений готовили с концентрацией 50, 100 и 150 *мг/мл* по Mn, и 50 *мг/мл* по Eu, Lu, и Au. Раствор альбумина готовили из расчета I г белка в 3 мл раствора. Затем 3 мл раствора белка смешивали с 3 мл раствора соединения соответствующего элемента. Полученную смесь по каплям вводили в оливковое масло (300 *мл*) при постоянном перемешивании со скоростью 1000, 1500 или 2000 *об/мин*. После введения всей смеси оливковое масло нагревали до 140—150 °C в течение 40—50 минут при непревывном перемешивании реакционной смеси с установленной скоростью. Полученные микросферы альбумина отделяли от масла центрифугированием при 10000 *об/мин* и промывали ацетоном. Для удаления с поверхности частиц солей, не связанных с альбумином,

[1]) Адрес: 249020, Обнинск, Калужской обл. ул. Королева,

микросферы промывали раствором 0,1% твина-80 в физиологическом растворе, при интенсивном перемешивании магнитной мешалкой. Промытые микросферы высушивали при комнатной температуре.

Плотность микросфер, содержащих различные элементы, определяли в пикнометрах [7].

Содержание элементов в микросферах определяли методом активационного анализа. Для этого навеску микрочастиц вместе с эталонами облучали нейтронами. Активирование микросфер альбумина проводили на реакторе тепловыми нейтронами с плотностью потока $2 \cdot 10^{13}$ *н/см*$^2 \cdot$ *с* и времени облучения до 1 часа. Облученные образцы и эталоны измеряли на гамма-спектрометре. Содержание элементов в микросферах определяли сравнением наведенной активности в пробах по характерному спектру гамма-излучения.

Для изучения устойчивости связи ,,метки'' с микросферами навеску препарата, порядка 100 *мг* помещали в пеницилиновый флакон, добавляли 10 мл 0,1% твина-80 в физиологическом растворе, тщательно перемешивали и выдерживали в термостате в течение 10 суток при 20 и 50 °C. Аналогичные опыты проводили и с микросферами, предварительно обработанными 0,1 *Н* раствором аммиака. Через 10 суток из каждого флакона отбирали 0,1 *мл* раствора и определяли в нем концентрацию элемента методом активационного анализа. Концентрация элемента в растворе соответствовала количеству отщепления его от микросфер.

Для определения среднего размера частиц 1 *мг* микросфер помещали на предметное стекло и тщательно перемешивали с двумя каплями вазелинового масла, препарат накрывали покровным стеклом и исследовали с помощью оптического микроскопа. Размер частиц определяли окуляр-микрометром при увеличении × 900. Полученные данные наносили на график в вероятностной сетке. Пересечение прямой с осью абсцисс дает среднее значение диаметра частиц, а тангес угла наклона прямой, равный $1/\sigma\sqrt{2}$, где $\sigma^2 = \overline{(d - \overline{d})^2}$ — средне-квадратичное отклонение величины диаметра от среднего значения или дисперсия распределения [8].

Результаты и их обсуждение

Наиболее важными физико-химическими характеристиками меченых микросфер альбумина, используемых в медико-биологических исследованиях и при моделировании радиоактивных аэрозолей, являются: плотность, средний размер, удельная активность микрочастиц и устойчовость связи радионуклидов с денатурированным белком микросфер. Указанные свойства были изучены для микросфер альбумина, содержащих марганец, европий, лютеций и золото.

Влияние концентрации элемента в исходной реакционной смеси на уровень включения его в частицы исследовали с марганцем. Выбор Mn обусловлен тем, что при введении его в раствор альбумина не происходит денатурации белка, поэтому концентрацией этого элемента можно варьировать в широких пределах.

Результаты изучения концентрации влияния марганца (50, 100 и 150 *мг/мл*) на уровень его включения в микросферы, при постоянной скорости перемешивания реакционной смеси, пред с тавлены в табл. 1. Как и следовало ожидать, увеличение концентрации Mn в реакционной смеси приводит к повышению уровня включения его в микросферы, соответственно и увеличению плотности частиц. Увеличение скорости перемешивания реакционной смеси от 1000 до 2000 *об/мин*, при неизменной концентрации Mn, приводит к уменьшению среднего размера частиц, при этом содержание элемента в 1 *г* микросфер несколько снижается. В этой же таблице приведены значения удельной активности на 1 *г* микросфер и активности, приходящейся на одну частицу со средним диаметром, при облучении препарата в течение 1 часа потоком нейтронов плотностью $2 \cdot 10^{13}$ *н/см*$^2 \cdot$ *с*.

Табл. 1. Физико-химические свойства микросфер альбумина, содержащих марганец

Исходная концентрация *мг/мл*	Скорость перемешивания *об/мин*	Содержание Mn в частицах %	Плотность частиц *г/см*^{3}	Средний диаметр *мкм*	Диспер *мкм*^{2}	Активность частиц, *Бк*: Одной частицы со средним диаметром	Удельная активность *Бк/г*
50	1500	0,84 ± 0,04	1,23 ± 0,02	3,31	1,77	0,188	$5,72 \cdot 10^9$
100	1500	1,72 ± 0,16	1,30 ± 0,02	3,43	2,16	0,327	$1,17 \cdot 10^{10}$
150	1500	2,90 ± 0,20	1,33 ± 0,03	3,30	3,85	0,589	$2,00 \cdot 10^{10}$
100	1000	1,75 ± 0,17	1,26 ± 0,02	4,16	8,41	0,565	$1,27 \cdot 10^{10}$
100	2000	1,47 ± 0,14	1,24 ± 0,02	2,62	0,24	0,117	$1,00 \cdot 10^{10}$

Табл. 2. Физико-химические свойства микросфер альбумина, содержащих различные элементы (Скорость перемешивания реакционной смеси — 1500 *об/мин*; концентрация элемента — 50 *мг/мл*)

Стабильный элемент	Радионуклид	Период полураспада час	Содержание элементов в частицах %	Плотность частиц *г/см*^{3}	Средний диаметр *мкм*	Диспер *мкм*^{2}	Активность частиц, *Бк*: Одной чассо средн. диам.	Удельная активность *Бк/г*
^{55}Mn	^{56}Mn	2,58	0,84 ± 0,04	1,23 ± 0,02	3,31	1,77	0,188	$5,72 \cdot 10^9$
^{151}Eu	^{152m}Eu	9,35	2,56 ± 0,20	1,36 ± 0,03	3,46	5,29	2,88	$9,77 \cdot 10^{10}$
^{175}Lu	^{176m}Lu	3,71	3,57 ± 0,28	1,44 ± 0,03	4,60	3,57	1,5	$1,43 \cdot 10^{10}$
^{197}Au	^{198}Au	6,48	8,08 ± 0,70	1,50 ± 0,04	3,29	1,96	0,14	$5,04 \cdot 10^9$

Табл. 3. Количество свободного элемента в растворе через 10 суток после введения микросфер альбумина в 0,1% раствор твина-80 (в %% от общего количества элемента в микросферах)

Наименование элемента	Микросферы, не обработанные аммиаком		Микросферы, обработанные аммиаком	
	20 °C	50 °C	20 °C	50 °C
Марганец	18,8 ± 1,9	21,3 ± 2,0	12,8 ± 1,2	15,7 ± 1,6
Европий	14,4 ± 1,4	15,6 ± 1,6	4,8 ± 0,5	6,1 ± 0,6
Лютеций	13,7 ± 1,4	19,9 ± 2,0	3,5 ± 0,3	4,8 ± 0,5
Золото	< 0,01	< 0,01	—	—

Влияние вида элемента на уровень его включения в микросферы альбумина изучали с марганцем, европием, лютецием и золотом. Следует отметить, что, в отличие от марганца, введение тяжелых элементов в раствор альбумина приводит к денатурации белка. Использование высоких концентраций (50—150 *мг/мл*) тяжелых элементов приводит к полной денатурации белка, в результате чего образуются частицы несферической формы. При введении элементов с более низкой концентрацией (до 50 *мг/мл*) в раствор альбумина происходит частичная денатурация белка, не изменяющая сферической формы частиц. Однако, при этом образуется вязкая среда, что затрудняет вводить смесь в оликовое масло. Для уменьшения вязкости смесь разбавляли 4 *мл* дистиллированной воды.

Полученные результаты (Табл. 2) показывают, что с увеличением атомной массы элемента уровень включения его в микросферы возрастает. Наибольшее количество в микросферы включается золото. Это объясняется, по-видимому, тем, что при смешивании растворов альбумина и золотохлористоводородной кислоты происходит образование коллоидного золото, которое включается в частицы в больших количествах. С увеличением атомной массы элемента, включенного в микросферы, плотность их растет. Средний диаметр микросфер, в зависимости от используемого элемента, изменяется незначительно. Наибольшая активность отмечается у микросьфер, в состав которых вводили европий. Это объясняется тем, что из группы элементов, используемых в настоящей работе, у европия наибольшее сечение активации нейтронами.

Важной характеристикой меченых микросфер альбумина является прочность связи радионуклида с частицами. В таблице 3 представлены результаты изучения отщепления элементов от микросфер и перехода их в раствор при 20 и 50 °C. С целью оценки прочности связи радионуклида с альбумином, часть микросфер подвергали обработке раствором аммиака. Из таблицы видно, что в течение 10 суток значительное количество марганца, европия и лютеция отщепляется от микросфер, не обработанных аммиаком. Равновесная концентрация радионуклида в растворе почти на порядок ниже, чем в микросферах. Так для микросфер, содержащих европий, концентрация элемента в растворе составила $4{,}2 \cdot 10^{-5}$ *г/мл* вместо равновесной, равной $2{,}9 \cdot 10^{-4}$ *г/мл*. Указанная концентрация европия в растворе достигается уже в первые сутки после введения микросфер в раствор,. Это указывает на то, что европий переходит в раствор с поверхностных слоев микрочастиц. При обработке микросфер альбумина раствором аммиака концентрация элементов в растворе значительно снижается (Табл. 3). Это свидетельствует о том, что при обработке микросфер аммиаком образуются нерастворимые гидроокиси металлов. Золото прочно связано с микросферами и в раствор практически не переходит. Это объясняется образованием коллоидного золота, нерастворимого в воде. Температура, в пределах 20—50 °C, на скорость отщепления элементов от микросфер существенного влияния не оказывает.

Таким образом, изучение физико-химических и радиохимических свойств микросфер альбумина, содержащих различные элементы, показало, что в наибольших количествах в частицы включается золото. Микросферы альбумина, содержащие золото, обладают высокой устойчивостью. Активирование микросфер, содержащих европий, приводит к наиболее высокой удельной активности препарата. Устойчивость связи радионуклида с микросферами повышается при обработке их аммиаком.

Полученные в настоящей работе результаты освещают некоторые физико-химические и радиохимические свойства микросфер альбумина, содержащих марганец, европий, лютеций и золото, важные при выборе оптимального радиофармацевтического препарата для целей медико-биологических исследований и при моделировании радиоактивных аэрозолей.

Поступила в редакцию 17/IX, 1980г.

Литература

[1.] *Zolle, B. A. Rhodes, H. N. Wagner,* Int. J. Appl. Radiat. Isotopes. **21** (1970) 155

[2.] *В. М. Петриев, В. И. Степченков, Дж. Г. Хачиров,* Isotopenpraxis **15** (1979) 22

[3] *В. Д. Иванов, В. Н. Кириченко, И. В. Петрянов,* ДАН СССР **188** (1969) 65

[4] *В. И. Степенпченков, В. Д. Иванов, В. Н. Кириченко,* Изотопы в СССР **42** (1975) 28

[5] *В. М. Петриев, В. И. Степченков, Дж. Г.· Хачиров, В. Д. Иванов* Авт. Свиц., СССР, №673 3277 (1979)

[6] *В. М. Детриев, В. Степченков,* Isotopenpraxis **16** (1980) 202

[7] *П. И. Воскресенский,* ,,Техника лабораторных работ'', ,,Химия'', М., 1967

[8] *Н. А. фукс,* ,,Механика аэрозолей'', Изд. АН СССР, М. 1955

Indpeendent Yields of Iodine and Tellurium Isotopes in Fission of 232 Thorium with 30·5 MeV Alpha Particles

E. Dobreva[1]), *N. Nenoff*[1]), *B. Zhuikov*[2])

([1]) University of Sofia, Faculty of Physics; [2]) Joint Institute for Nuclear Research (Dubna))

Iodine and tellurium isotopes produced in the fission of ^{232}Th with 30·5 MeV alpha particles were separated using a method of sublimation in an air stream and the independent yields of ^{130}I, ^{131}I, $^{132m,g}I$, ^{133}I, ^{134}I, $^{134m,g}Te$, ^{133m}Te and ^{134}Te (cumulative) were determined by means of high resolution Ge(Li) γ-ray spectrometry. A Gaussian fit to the experimental data was used to obtain the width parameter σ_z and the most probable charge Z_p of the nuclear charge distribution in the isobaric chains 130–134. The most probable masses for fission fragments with Z = 52 and Z = 53 were also deduced from the measured fission yields.

Keywords

alpha particles; fission yield; gamma spectroscopy; iodine isotopes; radiochemistry; tellurium isotopes; thorium 232

Introduction

High resolution gamma ray spectrometry has proved to be rather successful in the determination of fission product yields [1, 2]. The information obtained contributes to the elucidation of various aspects of the fission process.

The measurement of the independent yields for 2 or more members of a fission product chain gives direct information on the division of nuclear charge in fission. The nuclear charge distribution in low and medium energy fission has been found to be well represented by a *Gaussian* distribution function [1–4] with a maximum, located at the most probable charge Z_p for a given isobaric chain, and a width parameter σ_z, nearly independent on excitation energy up to 39 MeV [4]. *Amiel* et al. [5] found that a proton pairing effect (22% for $^{235}U(n_{th}, f)$) was superimposed on the *Gaussian* distribution, but it was observed to decrease strongly with increasing excitation energy of the fissioning nucleus [5, 6].

The measurement of the fission yields of several nuclides with the same number of protons provides enough information for deriving an isotopic distribution function for a given *Z*. The isotopic distribution was also found to be well approximated by a *Gaussian* [4, 5].

In the fission of ^{232}Th with α-particles the same compound nucleus is formed as in the neutron induced fission of ^{235}U. Variation of the α-particle energy makes it possible to compare the fission characteristics of the compound nucleus ^{236}U at different excitation energies, starting from 6·5 MeV for the reaction $^{235}U(n_{th}, f)$.

By the excitation energy of 25·5 MeV[3]) (this work) an enhanced probability for the formation of high-spin isomers should also be observed. This is confirmed in the case of the isomeric pairs $^{131m,g}Te$ [7] and this work, $^{133m,g}Te$ [7] and $^{132m,g}I$ [8] and this work.

Experimental

Samples of 100 mg ThO_2 were irradiated for 35 min at the U-200-cyclotron of the Laboratory for Nuclear Reactions of the Joint Institute for Nuclear Research (Dubna). Fission product iodine was separated from the irradiated ThO_2-target using a method of sublimation in an air stream. Very important by this procedure is the fast purification of I from several volatile elements, first of all from ^{18}F, which gives a very intensive annihilation peak and cannot be separated by means of quartz thermo-chromatography. For the separation of I from F, Te, Ru, Mo and Rh a CaO-filter, heated to 1050 °C was used. We counted with the possibility of replacement on the filter surface of the oxygene atoms by fluorine atoms, taking into account the fact that CaF_2 is a very stable thermodynamically and non-volatile compounds (for the reaction $CaO + F_2 = CaF_2 + 1/2\,O_2$ by 1050 °C, $\Delta G = -116$ ccal/mol [9]), and the reaction velocity is sufficiently great by this temperature. Moreover, the volatile oxides of Mo, Ru and Te form thermodynamically stable compounds with the calcium oxide: $CaMoO_4$ [10], $CaRuO_3$ [11] and Ca_3TeO_6 [12, 13], whereas the boiling temperature of CaI_2 is 718 °C [14]. The irradiated ThO_2-target was heated for 30 min to 1200–1250 °C in a quartz tube, ∅ = 3 mm, in an air stream of 15 ml/min, and the separated products were passed through the CaO-filter (1050 °C) — in powder form-intermixed with quartz wool (in order to lend porousity to the filter). The iodine was absorbed on a metallic Ag shaving for measurement [15]. The distribution of the sublimated elements in the separated fractions is shown in Tab. 1 for one of the experiments. The coefficients of purification of the iodine frac-

Tab. 1. Distribution of the sublimated elements in the different fractions after separation (in %)

Isotope	Fraction CaO-filter	Ag-filter
$^{130-135}I$	—	100
^{132}Te	85	15
^{18}F	100	—
^{82}Br	22	88
^{99}Mo	100	—
^{105}Ru	100	—

[1]) Address: 1126 Sofia, Bulgaria, Blvd. Anton Ivanov 5

[3]) The energy is known with an accuracy of ±0·3 MeV.

tion from F, Te, Ru and Mo were $4 \cdot 10^2$, 7[4]), $> 3 \cdot 10^2$ and $> 2 \cdot 10^2$, respectively. Except the low intensity peaks of ^{132}Te and ^{82}Br a small amount of ^{115}Cd was observed in the iodine fraction. Separate measurements of the I-, Te- and ThO_2-samples showed that chemical yield of I varied from 50 to 80% for the different runs, which proved to be sufficient for the determination of the fission yields by γ-ray spectrometry of the separated fractions. The time from the end of the irradiation to the end of the preparation of the samples for gamma ray spectrometry was 40 min.

If necessary Te can be purified from F, Ru, Mo, Rh and remaining small amounts of I by heating the CaO-filter to 1050 °C in a hydrogen stream.

In order to calculate the contribution of precursor Te to the yields of the iodine isotopes 3 series of irradiations with equal irradiation time were carried out and iodine was separated at different time intervals after the end of the irradiation [16, 17].

The γ-activities of the I-, Te- and ThO_2-samples were measured by means of a Ge(Li) detector (38 cm^3), coupled to a 4096-channel pulse-height analyzer.

Method of Calculation

The fission yields of the I and Te isotopes were calculated from the peak areas of the most intensive γ-rays for each isotope. Gamma ray energies and absolute intensities were taken from [18] and genetic relationships for the isobaric chains 131—135 from [19]. ^{130}I is shielded and its independent yield could be measured directly. The irradiation and separation time intervals were sufficiently long, so that ^{135}I could be used to normalize the different runs to the same number of fissions according to the relation:

$$Q_i/Q_N = (S_i F_i/\varepsilon_i f_i)/(S_N F_N/\varepsilon_N f_N) \tag{1}$$

where F_i is the time factor:

$$F_i = \lambda_i/(1 - e^{-\lambda_i t_1})\, e^{-\lambda_i t_2}(1 - e^{-\lambda_i t_3}) \tag{2}$$

Q_i is the measured yield (not independent) of nuclide i after separation time τ; Q_N is the cumulative yield of ^{135}I, since its precursors are very short lived; S, λ, ε and f denote the peak area, decay constant, detector efficiency and absolute intensity of each γ-ray; t_1, t_2 and t_3 are the irradiation, cooling and counting time, respectively. Under the present experimental conditions (longs irradiation and separation time compared to the half-life of ^{132}Sb) the yield of ^{132}Te was equal to $Y_{Te} + Q_{Sb}$, and could be used to normalize the yields of the tellurium isotopes to the same number of fissions, so that no corrections for chemical yield should be necessary by the determination of the fission yields for a given $Z \cdot Q$ denotes the cumulative and Y the independent yield.

In an isobaric decay chain in fission, which can be considered as consisting of 2 members, precursor (1) and daughter (2), if precursors of (1) are sufficiently short lived, the normalized yield of (2), separated after the time interval τ from (1), can be expressed as

$$Q_2/Q_N = Y_2/Y_N + BK(t_1, \tau)\, Q_1/Q_N \tag{3}$$

where

$$K(t_1 - \tau) = (\lambda_2(R_1/R_2)\, e^{(\lambda_2 - \lambda_1)} - \lambda_1)/(\lambda_2 - \lambda_1) \tag{4}$$

[4]) The relatively low coefficient of purification from Te in this case, compared to the other experiments, in which no Te was present in the I samples, can be explained by the presence of sugar as binding substance of the target, which could partially restore Te to a (IV)-state, and the compound of the Te(IV) with the CaO decomposes by high temperatures [13].

R_1 and R_2 are the saturation factors

$$R_1 = 1 - e^{-\lambda_1 t_1} \tag{5}$$

and B is the branching ratio.

In the case of an isomer (m), decaying to the ground state (g), the correction to be applied is:

$$K(m) = (\lambda_g(F_g/F_m) - \lambda_m)/(\lambda_g - \lambda_m) \tag{6}$$

and eq. (5) can be written as follows

$$Q_g/Q_N = Y_g/Y_N + PK(m)\, Y_m/Q_N \tag{7}$$

P denotes the isomeric transition probability.

In the case of both an isomer (m) and a precursor (1), the contributions of (m) and (1) are calculated independently and subtracted from Q_2/Q_N in order to obtain the independent yield of the ground state. All corrections were derived using standard equations for growth and decay of radioactivity during and after irradiation [20].

Results and Discussion

The experimental results are shown in Tab. 2. In the second column of Tab. 2 the yields of the iodine isotopes are given relative to the cumulative yield of ^{135}I and those of the tellurium isotopes relative to the cumulative yield of ^{132}Te. Each value is the mean of 6 to 12 determinations. ^{133g}Te was also observed in the γ-ray spectra of the Te-samples but the calculation of its independent yield involved consider-

Tab. 2. Independent yields of the I and Te isotopes

Isotope	Y_i/Q_N	$Y_{calc.}$, %
^{131m}Te	$0{\cdot}401 \pm 0{\cdot}021$	1·62 a)
^{131g}Te	$0{\cdot}106 \pm 0{\cdot}035$	
^{132}Te	1·00	3·20 b)
^{133m}Te	$0{\cdot}542 \pm 0{\cdot}031$	2·36 a)
^{134}Te	$0{\cdot}407 \pm 0{\cdot}050$	1·30 b)
^{130}I	$0{\cdot}0624 \pm 0{\cdot}0041$	0·20
^{131}I	$0{\cdot}175 \pm 0{\cdot}043$	0·56
^{132m}I	$0{\cdot}179 \pm 0{\cdot}030$	0·96 a)
^{132g}I	$0{\cdot}120 \pm 0{\cdot}030$	
^{133}I	$0{\cdot}447 \pm 0{\cdot}114$	1·43
^{134}I	$0{\cdot}869 \pm 0{\cdot}156$	2·78
^{135}I	1·00	3·20 b)

a) sum of the yields of the isomeric and ground state
b) cumulative yield

able errors under the present experimental conditions, due to its comparatively short half-life (12·45 min). In order to calculate the independent yield of ^{133}I we used the value of $2{\cdot}8 \pm 1{\cdot}7$ given by *Sarantites* et al. [7] for the isomeric ratio σ_m/σ_g of ^{133}Te in the fission of ^{232}Th with 33 MeV alpha particles and the value found in this work for the yield of the isomeric state. The isomeric ratio for $^{131m,g}Te$ determined in this study as $3{\cdot}8 \pm 1{\cdot}3$ is in agreement with the value of $3{\cdot}3 \pm 0{\cdot}5$ given in [7]. By the calculation of the independent yield of ^{131}I the contribution from ^{131}Sb (23 min) had also to be taken into account. The yields of the Te isotopes measured relative to the cumulative yield of ^{132}Te were multiplied by the factor $Q_{^{132}Te}/Q_{^{135}I}$ and used in the evaluation of the yields of the I isotopes. The value of $Q_{^{132}Te}/Q_{^{135}I}$ was corrected for chemical yield of I and Te, obtained from the independent measurements of the separated I, Te and ThO_2 fractions. It was also calculated using chain

Tab. 3. Parameters of the nuclear charge distribution in the isobaric chains 130—134

A	130	131	132	133	134
Z_p	51.43 ± 0.05	51.75 ± 0.07	52.17 ± 0.14	52.56 ± 0.10	52.95 ± 0.06
σ_z	0.69 ± 0.04[a)]	0.68 ± 0.09	0.74 ± 0.05	0.74 ± 0.12	0.68 ± 0.10

a) weighted average from the charge dispersion values for the isobaric chains 131—134

yield data from the detailed study of *McHugh* and *Michel* [4] and a value for the cumulative yield of ^{135}I by the excitation energy 25.5 MeV found by interpolation between the values of [4] for excitation energies 23 and 26.8 MeV, respectively. (The accuracy of such an interpolation procedure is expected to be better than 5%). A good agreement was found between the calculated and measured value. In the third column of Tab. 2 the independent yields of the iodine and tellurium isotopes are given in %. They were calculated on the basis of the cumulative yield of ^{135}I from [4].

Using the data of Tab. 2 and literature values for the chain yields in mass region 130—135 [4, 21], the fractional independent yields (*FIY*) of the I and Te isotopes were calculated and fitted to *Gaussian* curves in order to obtain the parameters Z_p and σ_z of the nuclear charge distribution. The *FIY* of a fission product with charge Z is given by

$$FIY(Z) = (2\pi\sigma^2)^{-1/2} \int_{Z-1/2}^{Z+1/2} e^{-(n-Z_p)^2/2\sigma^2} \, dn \qquad (8)$$

No odd-even corrections were applied, since they become unimportant at higher excitation energies [5]. The parameters of the charge distribution in the isobaric chains 130—134 are given in Tab. 3. The most probable charge for the fission product chain with mass 130 was calculated using the weighted average for σ_z, 0.69 ± 0.04, obtained from the 4 independent determinations of the width parameter for mass chains 131—134. No direct comparison of our Z_p values with literature values is possible, since no data are available at this excitation energy, but the average variation of the most probable charge with mass, $dZ_p/dA = 0.38$, found in this work is in agreement with the value of 0.365 given by *McHugh* and *Michel* [4] for the mass region 126 to 136 by excitations above $\approx$ 23 MeV. Our results confirm also the trend of moving Z_p to greater values, nearer to stability, with increasing excitation energy of the fissioning nucleus.

The measured independent yields of iodine ($^{130-135}$I) and tellurium ($^{131-134}$Te) isotopes provide enough information for deriving an isotopic distribution function for $Z = 52$ and $Z = 53$. Our data were found to be consistent with a *Gaussian* distribution function with a width $\sigma_A \approx \sigma_Z (A_F/Z_F)$[5]), in agreement with [5], and most probable masses 132.5 and 135.0 for fission fragments with $Z = 52$ and $Z = 53$, respectively.

In conclusion we should like to point out that the parameters of the charge distribution determined for the isobaric chains 130—134 make it possible to estimate the unknown yields of other isotopes in this mass region.

Received September 10, 1980

References

[1] *E. Jacobs, H. Thierens, D. De Frenne, A. De Clercq, P. D'hondt, P. De Gelder, A. J. Deruytter*, Phys. Rev. C **19** (1979) 422

[2] *D. De Frenne, H. Thierens, E. Jacobs, P. De Gelder, A. De Clercq, P. D'hondt, A. J. Deruytter*, Phys. Rev. C **21** (1980) 629

[3] *A. C. Wahl, A. E. Norris, R. A. Rouse, J. C. Williams*, Physics and Chemistry of Fission (IAEA, Vienna, 1969), p. 813

[4] *J. A. McHugh, M. C. Michel*, Phys. Rev. **172** (1968) 1160

[5] *S. Amiel, H. Feldstein, T. Izak-Biran*, Phys. Rev. C **15** (1977) 2119

[6] *H. Gäggeler, H. R. von Gunten*, J. inorg. nucl. Chem. **40** (1978) 1859

[7] *D. G. Sarantiles, G. E. Gordon, C. D. Coryell*, Phys. Rev. **138** (1965) B 353

[8] *E. Dobreva, N. Nenoff, B. Zhuikov*, Ann. Univ. Sofia (in print)

[9] Thermodinamitsheskie svoistva neorganitsheskich veshtestv, ed. *A. M. Zefirova*, Atomizdat, Moskva 1965

[10] Chimija i technologija redkich i rassejannich elementov, ch. II ed. *K. A. Bolshakova*, Visshaja shkola, Moskva 1976, p. 174

[11] *J. J. Randall, R. Ward*, J. Amer. Chem. Soc. **81** (1959) 2629

[12] *R. N. Kniazeva, A. S. Gushtshina*, Zh Neorg. Chim. **XIII** (1968) 1703

[13] *M. Trömel, H. Ziethen-Reichnach*, Z. Anorg. Allgem. Chem. **37**, (1970) 232

[14] Spravotshnik Chimika, v. 2, ed. *B. P. Nikolskij*, Chimija, Leningrad 1971

[15] *W. M. Wachtel, G. W. Winnel, Ts. Wilov, I. I. Gromova, A. P. Novgorodov, Yu. W. Norseev, W. G. Tshumin, W. A. Chalkin*, Isotopenpraxis **12** (1976) 441

[16] *N. G. Runnals, D. E. Troutner*, Phys. Rev. C **1** (1970) 316

[17] *E. Dobreva, V. Gadjokov, M. Iovtshev, N. Nenoff*, Ann. Univ. Sofia (in print)

[18] Table of Isotopes, ed. *C. M. Lederer* and *V. S. Shirley*, Wiley — Interscience, 7th edition

[19] *R. W. Parsons, H. D. Sharma*, J. inorg. nucl. Chem. **36** (1974) 2392

[20] *D. De Soete, R. Gijbels, J. Hoste*, Neutron Activation Analysis, Wiley — Interscience, London 1972, chapter 5

[21] *T. C. Roginski, M. E. Davis, J. W. Cobble*, Phys. Rev. C **4** (1971) 1361

5) A_F and Z_F are the mass and charge of the fissioning nucleus.

Polarographische Nebeneinanderbestimmung von Uran und Plutonium

S. Trebeljahr, D. Nebel

(Zentralinstitut für Kernforschung Rossendorf)[1])

Es wurde eine polarographische Methode zur Nebeneinanderbestimmung von Uran(VI) und Plutonium(IV) ausgearbeitet. Um beide Spezies an der Quecksilbertropfelektrode (DME) erfassen und getrennt bestimmen zu können, wurde Citrat als Komplexbildner hinzugefügt. Die polarographische Bestimmung in diesem Medium wurde für drei verschiedene Uran: Plutonium-Konzentrationsverhältnisse, 1:1, 1:10 und 10:1, untersucht und eine Standardabweichung von $< 3\%$, auch für die Mikrokomponente, erreicht. Für größere Konzentrationsunterschiede reicht jedoch die Differenz der Halbstufenpotentiale (HS)P von Uran und Plutonium nicht aus, und der Fehler der Bestimmung der Mikrokomponente wird demzufolge größer.

Keywords

complexes; plutonium; polarography; quantitative chemical analysis; redox potential; uranium

Die Nebeneinanderbestimmung von Uran(VI) und Plutonium(IV) ist im Hinblick auf den Purexprozeß von Interesse. Wir wählten die Polarographie als Bestimmungsmethode, weil sie einmal Simultanbestimmungen ermöglicht und zum anderen mit sehr geringen Konzentrationen auskommt. Voraussetzung für polarographische Bestimmungen an der Quecksilbertropfelektrode (DME) ist ein negatives Halbstufenpotential (HSP) des zu bestimmenden Ions, da mit der DME nur der negative Potentialbereich von etwa 0 bis -2 V erfaßt werden kann. Außerdem ist für Simultanbestimmungen eine Potentialdifferenz beider Ionen von > 200 mV erforderlich.

In nichtkomplexbildendem Medium (1 M $HClO_4$) liegt das HSP von Pu(III/IV) bei 0,741 V/SCE [1], das von U(V/VI) bei $-0{,}180$ V/SCE [2]. Durch Zugabe von Komplexbildner kann das polarographische HSP in negative Richtung verschoben werden. Je stärker der gebildete Komplex ist, desto negativer wird das HSP liegen, denn es muß mehr Energie aufgewendet werden, um das Ion aus dem Komplex zu befreien.

Für das System U/Pu wurde ein Komplexbildner gesucht, der beide HSP stark in negative Richtung verschiebt, um einmal die Pu(III/IV)-Stufe erfassen zu können und zum anderen eine Potentialdifferenz von > 200 mV zu erreichen.

Aus der Literatur geht hervor, daß sowohl U(VI) als auch Pu(IV) mit Acetat [1, 4], Citrat [5, 6] und Carbonat [7, 4] die stärksten Komplexe bilden. Carbonat wurde nicht untersucht, da in der Li-teratur für beide Ionen sehr negative, aber nahe beieinanderliegende Potentiale angegeben werden [7]. Untersuchungen im Acetatmedium zeigten keine befriedigenden Resultate. Bessere Ergebnisse wurden mit Citrat als Komplexbildner erreicht.

Aus der Literatur sind folgende U(VI)- und Pu(IV)-Citratkomplexe bekannt [8, 6]:
$[(UO_2)_2\ CitH]^+$, $[UO_2(CitH)]^-$, $[Pu\ CitH]^+$, $[Pu(CitH)_2]^{2-}$ wobei CitH den Säurerest der Citronensäure nach Abdissoziation der 3 H-Ionen der Carboxylgruppen darstellt.

Bei Überschuß an Komplexbildner liegen der 1:1-Komplex des Urans und der 1:2-Komplex des Plutoniums vor. Über die polarographische Reduktion von U(VI)-Citrat und Pu(IV)-Citrat in den reinen Lösungen ist in [9, 4] berichtet.

[1]) Anschrift: 8051 Dresden, PF 19

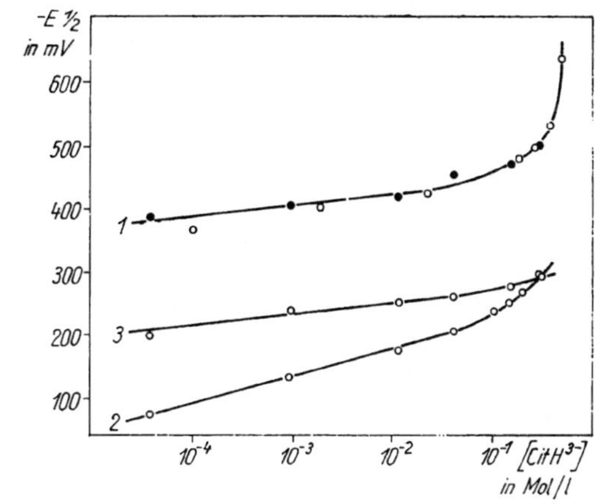

Abb. 1. Abhängigkeit des Halbstufenpotentials $E_{1/2}$ von Uran(VI) und Plutonium(IV) von der freien Citrationenkonzentration

1 – 10^{-3} M Uran(VI)-Citrat, 5×10^{-4} M Uran(VI)-Citrat in Gegenwart von 5×10^{-4} M Plutonium(IV)-Citrat; 2 – 5×10^{-4} M Plutonium(IV)-Citrat; 3 – 5×10^{-4} M Phutonium (IV-) Citrat in Gegenwart von 5×10^{-4} M Uran(VI)-Citrat. Gesamtcitratkonzentration 0,5 M

Unsere Untersuchungen befaßten sich mit der polarographischen Reduktion eines Gemisches beider Spezies im Citratmedium. Wir untersuchten zunächst die Abhängigkeit des HSP von Uran und Plutonium von der Citrationenkonzentration sowohl in den reinen Lösungen als auch im Gemisch. Das Ergebnis ist in Abb. 1 dargestellt. Man erkennt, daß die Abhängigkeit des HSP der U-Stufe von der Citrationenkonzentration sowohl in den reinen U-Lösungen als auch im Gemisch mit Pu gleich bleibt (Kurve 1). Im Gegensatz dazu erhielten wir für die Abhängigkeit der Pu-Stufe von der Citrationenkonzentration zwei unterschiedliche Kurven, je nachdem ob Uran anwesend war (Kurve 3) oder nicht (Kurve 2). Offensichtlich liegt hier eine gegenseitige Beeinflussung von U und Pu vor, die weiter untersucht wird. Die Vermutung liegt nahe, daß hier ein Komplex zwischen Uran, Plutonium und Citrat gebildet wird. Für die Nebeneinanderbestimmung ist von Bedeutung, daß im Gemisch von U und Pu eine viel kleinere Differenz der HSP resultiert als aus den Kurven der reinen Lösungen zu erwarten wäre. Die größte Potentialdifferenz liegt bei pH 6,8 ([CitH] $> 10^{-1}$ M) und beträgt 230 mV. Es wurde stets dieser *p*H-Wert eingestellt, wobei die Gesamtcitratkonzentration 0,5 M war. Es wurden folgende HSP gefunden

Pu(III/IV) $E_{1/2} = -0{,}29$ V/SCE
U(V/VI) $E_{1/2} = -0{,}52$ V/SCE

Beide Stufen sind irreversibel.

Da sich die gegenseitige Beeinflussung der Ionen nur auf die Lage der HSP, nicht aber auf die Stufenhöhen auswirkt, wurden die Untersuchungen zur quantitativen Nebeneinanderbestimmung fortgesetzt. Uran-Plutonium-Gemische wurden in 3 verschiedenen Konzentrationsverhältnissen bestimmt. Dazu wurden zunächst Eichkurven für die reinen Lösungen aufgestellt, an Hand derer dann die Konzentrationen in den Gemischen bestimmt wurden. Für beide Stufen ist eine Konzentrationsproportionalität zwischen 10^{-4} und 10^{-3} M gewährleistet.

Die Uran-Lösungen wurden aus $UO_2(NO_3)_2 \cdot 6\,H_2O$ hergestellt, die Plutoniumlösungen durch elektrolytische Oxydation von Pu(III) → Pu(IV) [10]. Dann wurde jeweils eine Mischung aus Citronensäure/Natriumcitrat zugegeben, die etwa *p*H 7 besaß und 3 Tropfen 0,5%ige Gelatine zur Unterdrückung des Maximums der U-Stufe hinzugefügt. Nach dem Auffüllen wurde der *p*H-Wert der Mischungen mit einer Glaselektrode GA 50 gemessen und Abweichungen (hervorgerufen durch den Säuregehalt der Ausgangslösungen) von dem geforderten Wert (*p*H 6,8) durch geringfügige Zugabe von konzentrierter Lauge korrigiert. Die Polarogramme wurden mit dem ungarischen Polarographen CH 05 (Firma Radelkis) in einer thermostatisierten Dreielektrodenmeßzelle (DME, Boden-Quecksilber, SCE) bei 25 ± 0,1 °C aufgenommen. Es wurden sowohl die Normalpolaro-

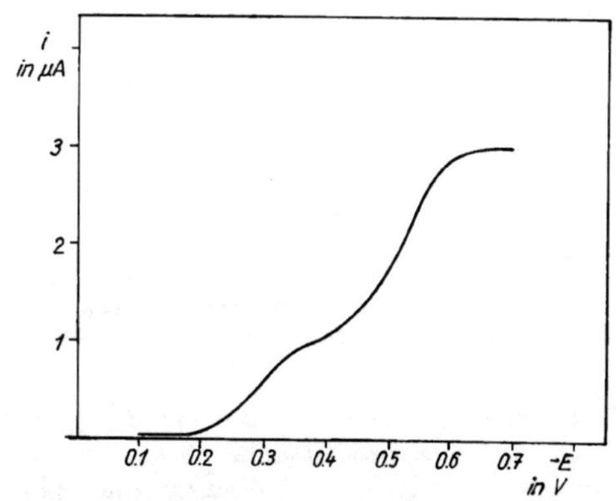

Abb. 2. Normalpolarogramm eines Gemisches U:Pu = 1:1
[U] = 5 · 10^{-4} M; [Pu] = 5 · 10^{-4} M; [Cit] = 0,5 M; *p*H 6,8

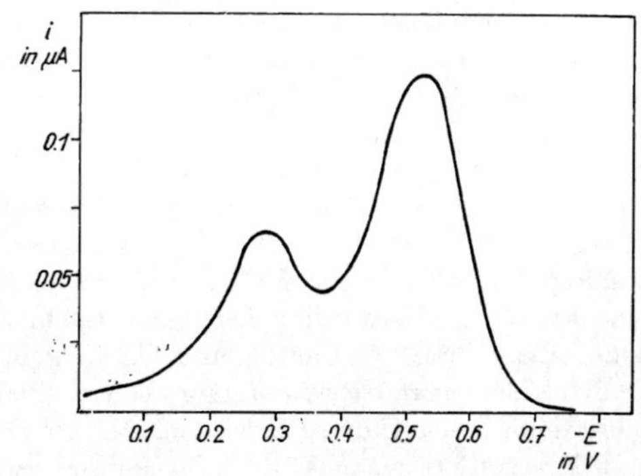

Abb. 3. Derivativpolarogramm eines Gemisches U:Pu = 1:1
[U] = 5 · 10^{-4} M; [Pu] = 5 · 10^{-4} M; [Cit] = 0,5 M; *p*H 6,8

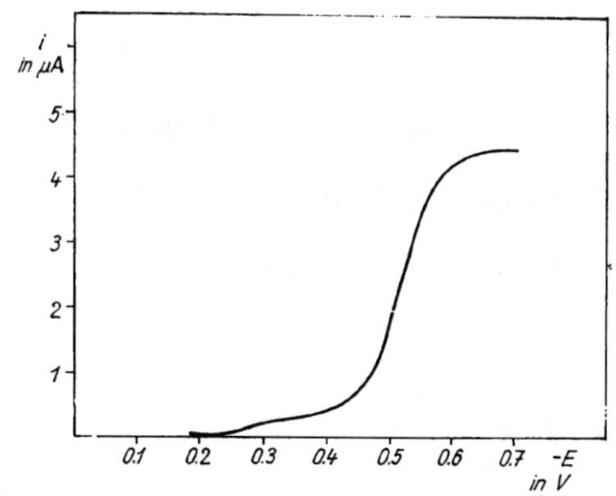

Abb. 4. Normalpolarogramm eines Gemisches U:Pu = 10:1
[U] = 10^{-3} M; [Pu] = 10^{-4} M; [Cit] = 0,5 M; *p*H 6,8

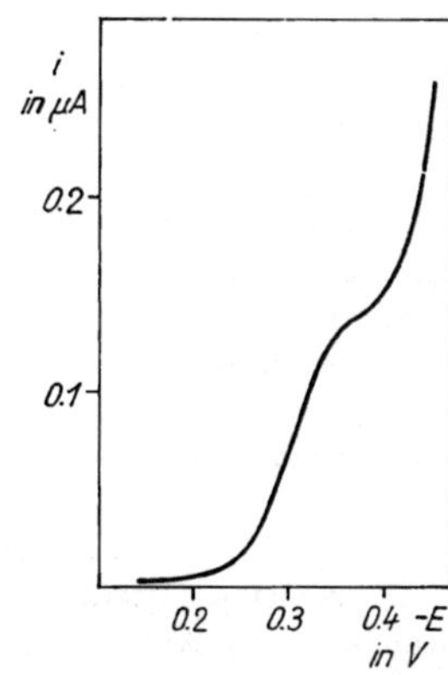

Abb. 5

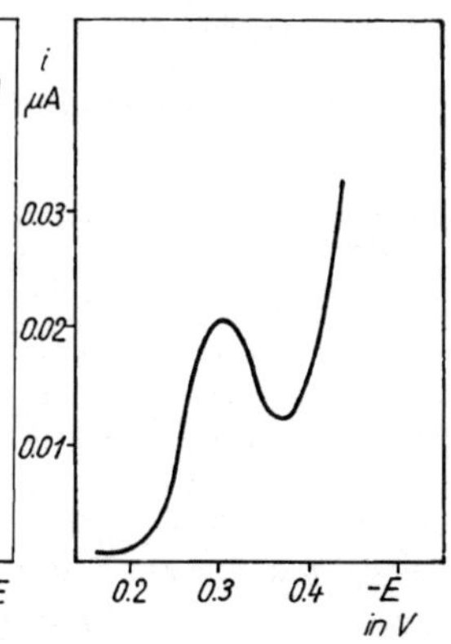

Abb. 6

Abb. 5. Normalpolarogramm eines Gemisches U:Pu = 10:1, Plutonium-Stufe
[U] = 10^{-3} M; [Pu] = 10^{-4} M; [Cit] = 0,5 M; *p*H 6,8

Abb. 6. Derivativpolarogramm eines Gemisches U:Pu = 10:1, Plutoniumpeak
[U] = 10^{-3} M; [Pu] = 10^{-4} M; [Cit] = 0,5 M; *p*H 6,8

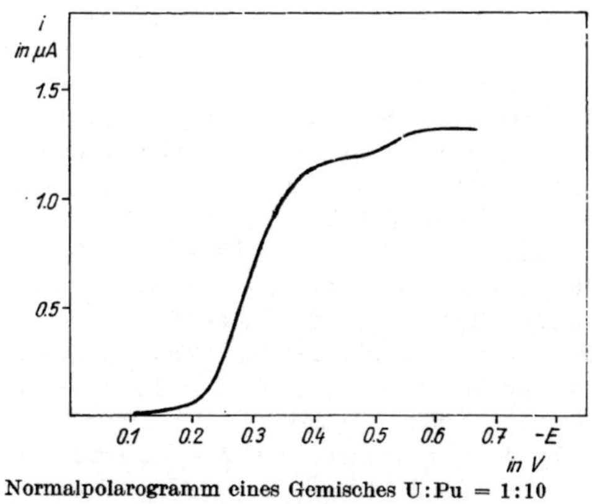

Abb. 7. Normalpolarogramm eines Gemisches U:Pu = 1:10
[U] = 10^{-4} M; [Pu] = 10^{-3}; [Cit] = 0,5 M; *p*H 6,8

gramme als auch die Derivativkurven aufgezeichnet und ausgewertet.

Für die drei untersuchten Konzentrationsverhältnisse von Uran:Plutonium 1:1, 10:1 und 1:10 sind die entsprechenden Polarogramme in den Abbildungen 2—8 dargestellt. Im Verhältnis 1:1 (Abb. 2) bereitet die Auswertung beider Stufen keine Schwierigkeiten.

Die einzelnen Stufenhöhen wurden nach der Wendepunktsmethode [11] ermittelt. Auch die Derivativkurven (Abb. 3) sind zur Auswertung geeignet.

Tab. 1. Ergebnisse der polarographischen Nebeneinanderbestimmung von Uran und Plutonium

	Konzentrationsverhältnis U:Pu		
	1:1	10:1	1:10
$[U]_{th}$ in Mol/l	5×10^{-4}	10×10^{-4}	1×10^{-4}
$[U]_{exp}$ in Mol/l	$(5{,}15 \pm 0{,}09) \times 10^{-4}$	$(9{,}94 \pm 0{,}19) \times 10^{-4}$	$(1{,}00 \pm 0{,}0037) \times 10^{-4}$
σ in %	1,7	1,9	3,7
Δ in %	+3	−0,6	–
$Pu]_{th}$ in Mol/l	5×10^{-4}	1×10^{-4}	10×10^{-4}
$Pu]_{exp}$ in Mol/l	$(4{,}94 \pm 0{,}14) \times 10^{-4}$	$(1{,}01 \pm 0{,}01) \times 10^{-4}$	$(10{,}3 \pm 0{,}20) \times 10^{-4}$
σ in %	2,8	1	2
Δ in %	−1,2	+1	+3

Δ = Abweichung des experimentellen vom theoretischen Gehalt
$[U]_{th}$; $[Pu]_{th}$ = vorgelegter Uran- bzw. Plätoniumgehalt
$[U]_{exp}$;Pu_{exp} = gemessener Uran- bzw. Plutoniumgehalt
σ = Standardabweichung

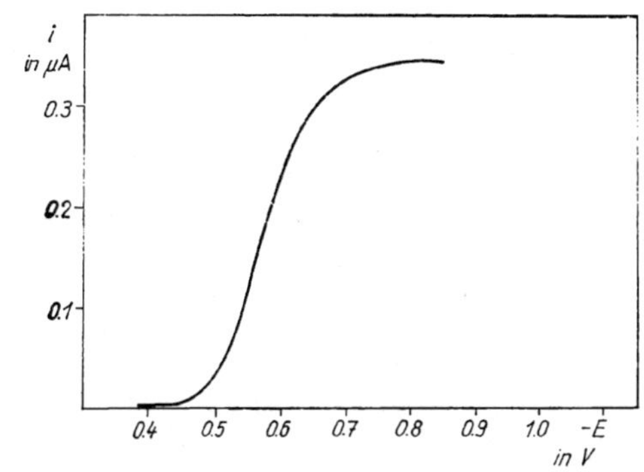

Abb. 8. Normalpolarogramm eines Gemisches U:Pu = 1:10, Uranstufe nach Diffusionsstromkompensation
$[U] = 10^{-4}$ M; $[Pu] = 10^{-3}$ M; $[Cit] = 0{,}5$ M; *p*H 6,8

Bei einem Verhältnis Uran:Plutonium = 10:1 (Abb. 4) bereitet die Auswertung der Uranstufe keinerlei Schwierigkeiten, für die Aufzeichnung der relativ kleinen Plutoniumstufe muß mit erhöhter Empfindlichkeit gearbeitet werden (Abb. 5). Auch hier ist die Derivativkurve (Abb. 6) gut zur Auswertung geeignet. Bei einem Uran:Plutonium-Verhältnis von 1:10 (Abb. 7) ist die relativ große Plutonium-Stufe gut auswertbar, für die nachfolgende kleine Uran-Stufe wird die Diffusionsstromkompensation des Polarographen eingeschaltet und die Uran-Stufe bei erhöhter Empfindlichkeit aufgezeichnet (Abb. 8).

Von jedem Uran:Plutonium-Verhältnis wurden 5 Parallelbestimmungen durchgeführt, der Mittelwert gebildet und die Standardabweichung berechnet. Die Ergebnisse sind in Tab. 1 zusammengefaßt.

Die polarographische Nebeneinanderbestimmung von Uran(VI) und Plutonium(IV) im Citratmedium ist in Konzentrationsverhältnissen von 1:10, 1:1, und 10:1 mit einem vertretbaren Fehler möglich; jedoch ist zu erkennen: Je größer der Überschuß der Makrokomponente wird, desto größer wird der Fehler bei der Bestimmung der Mikrokomponente. Hier sind der polarographischen Methode im Citratmedium Grenzen gesetzt. Ursache für die relativ geringe Potentialdifferenz beider HSP ist eine gegenseitige Beeinflussung von Uran und Plutonium im Citratmedium, die wahrscheinlich auf eine Komplexbildung zwischen Uran, Plutonium und Citrat zurückzuführen ist.*)

Eingegangen am 1. 10. 1980

Literatur

[1] *C. J. Rodden* (ed.), "Analytical Chemistry of the Manhattan Project" McGraw-Hill Book Company, Inc. New York, Toronto, London 1950

[2] *M. Taube*, "Plutonium", Verlag Chemie GmbH, Weinheim/Bergstraße 1974

[3] *A. P. Vinogradov* (ed.), "Analititscheskaja Chimija Urana", Moskau 1962

[4] *M. S. Miljukova, N. J. Gusev, I. G. Sentjurin, I. S. Sklyarenko* "Analitischeskaja Chimija Plutonija", Moskau 1965

[5] *A. I. Moskwin*, „Koordinationschemie der Actiniden", Atomisdat, Moskau 1975

[6] *D. Nebel*, Habilitationsschrift TU Dresden, 1972

[7] *S. Casadio, F. Orlandini*, J. electroanalyt. Chem. **26** (1970) 91

[8] *I. Feldman, W. F. Neuman*, J. Am. Chem. Soc. **73** (1961) 2312

[9] *W. F. 3Neuman, I. R. Havill, I. Feldman*, J. Am. Chem. Soc.**73** (1951) 593

[10] *E. Nebel, D. Nebel*, Kernenergie **4** (1961) 15

*) Veröffentlichung in „Isotopenpraxis" in Vorbereitung

Die Verteilung von n-Caprylsäure zwischen organischen Lösungsmitteln und wäßriger Natriumsulfatlösung

K. Gloe[1]), *A. I. Kholkin*[2]), *P. Mühl*[1]), *L. M. Gindin*[2])

([1]) Zentralinstitut für Festkörperphysik und Werkstofforschung der AdW der DDR; [2]) Institut für Anorganische Chemie der Sibirischen Abteilung der AdW der UdSSR)

Es wurde die Verteilung von n-Caprylsäure zwischen n-Decan, Benzen, Isoamylacetat, Diisopropylketon, Isoamylalkohol und einer wäßrigen 0,6 molaren Natriumsulfatlösung unter Einsatz der ^{14}C*-markierten Säure untersucht. Die Verteilungs- und Dimerisationskonstanten für die Reaktionen* $HR_{(w)} \rightleftharpoons HR_{(org)}$ *bzw.* $2\,HR_{(org)} \rightleftharpoons (HR)_{2(org)}$ *wurden bestimmt. Der Einfluß der Lösungsmittel auf die Verteilung der Säure sowie die Bedeutung derartiger Untersuchungen für die Interpretation von Flüssig-Flüssig-Extraktionsgleichgewichten wird diskutiert.*

Keywords

aqueous solutions; carbon 14; dimerization; distribution functions; octanoic acid; organic solvents; sodium sulfates; solvent extraction

Aliphatische Monocarbonsäuren haben sich als Extraktionsmittel für eine Vielzahl von Metallionen bewährt [1—4]. Zur Interpretation und quantitativen Beschreibung derartiger Extraktionssysteme sind Kenntnisse der in wäßriger und organischer Phase ablaufenden Wechselwirkungen notwendig [5, 6]. Quantitative Zusammenhänge zur Wechselwirkung der Extraktionsmittel erhält man aus Untersuchungen ihrer Verteilung zwischen den entsprechenden wäßrigen und organischen Lösungen des Extraktionssystems. In der Literatur werden Verteilungsgleichgewichte unterschiedlicher aliphatischer Monocarbonsäuren beschrieben [1, 4, 7—13]. In vielen Fällen handelt es sich jedoch um Carbonsäuren mit einer kleinen Kohlenstoffzahl, die auf Grund ihrer Wasserlöslichkeit nicht als Extraktionsmittel geeignet sind, oder aber die experimentellen Bedingungen sind mit denen der Flüssig-Flüssig-Extraktion nicht vergleichbar. Über n-Caprylsäure, eine als Extraktionsmittel sowohl in reiner [14—20] als auch in technischen Fettsäurefraktionen [21, 22] häufig eingesetzte Säure, ist vergleichsweise wenig bekannt [23—26]. In der vorliegenden Arbeit wird über Ergebnisse von Verteilungsuntersuchungen von n-Caprylsäure zwischen organischen Lösungsmitteln und einer wäßrigen Natriumsulfatlösung berichtet. Diese Ergebnisse wurden bei der quantitativen Beschreibung der Extraktionsgleichgewichte von Eisen(III) mit n-Caprylsäure verwendet [27, 28].

Experimentelles

Die bei den Untersuchungen eingesetzten Reagenzien hatten den Reinheitsgrad zur Analyse. n-Caprylsäure und n-Decan (Reinheitsgrad rein) wurden durch Vakuumdestillation gereinigt.

Die Verteilungsuntersuchungen wurden in Schütteltrichtern mit Hilfe einer Schüttelapparatur durchgeführt. Die Temperatur betrug 22 ± 1 °C, das Phasenverhältnis war 1 : 1. Als Schütteldauer wurden auf Grund von Vorversuchen zur Gleichgewichtseinstellung 2 h gewählt. Die organische Phase war eine Lösung von n-Caprylsäure in den entsprechenden Lösungsmitteln, als wäßrige Lösung wurde eine Lösung, die 0,6 M an Na_2SO_4 und 0,05 M an H_2SO_4 war, gewählt ($pH = 2{,}18$; $I = 1{,}95$). Um eine gute Phasentrennung zu gewährleisten, wurden die Proben zentrifugiert.

Die Konzentrationsbestimmung der n-Caprylsäure erfolgte in beiden Phasen unter Einsatz von ^{14}C-markierter n-Caprylsäure (Isocommerz GmbH Berlin) mit Hilfe von Flüssigszintillationsmessungen (LKB-Wallac 81000). Als Szintillator wurde eine PPO/POPOP-Dioxan-Lösung eingesetzt, die die Messung sowohl von organischen als auch von wäßrigen Proben gestattet. Eine Ausfällung von Na_2SO_4 bei der Zugabe der Szintillatorlösung zur wäßrigen Probelösung hatte dabei keinen Einfluß auf die Meßergebnisse. Löscheffekte der einzelnen Lösungsmittel wurden durch entsprechende Korrekturen berücksichtigt. Der Fehler der Konzentrationsbestimmung in der organischen Phase lag zwischen 0,3 bis 0,8%, in der wäßrigen Phase in Abhängigkeit von der Konzentration zwischen 1,5 bis 10%.

Die Genauigkeit der durchgeführten Untersuchungen hängt entscheidend von der Reinheit der eingesetzten ^{14}C-markierten n-Caprylsäure ab. Diese schwankt in Abhängigkeit von der Aufbewahrungsdauer, wobei unterschiedliche radioaktive Zersetzungsprodukte entstehen [29]. Abb. 1 zeigt Ergebnisse von Verteilungen unter Einsatz von nicht gereinigter (Kurven 1 und 2) und frisch gereinigter (Kurve 3) ^{14}C-markierter n-Caprylsäure. Jede Verteilung wurde mit

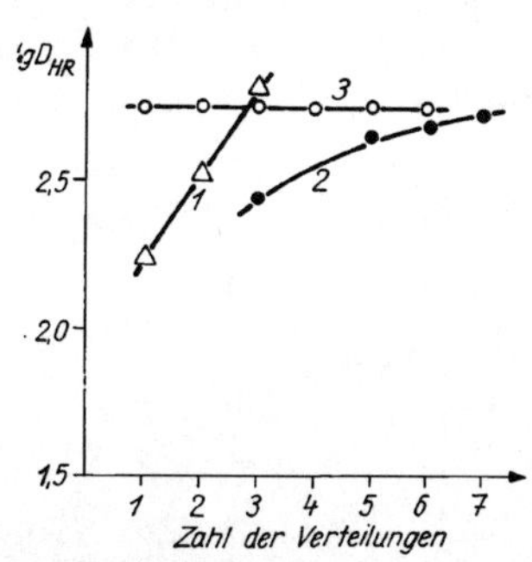

Abb. 1. Mehrfache Verteilung von ^{14}C-markierter n-Caprylsäure zwischen einer organischen Lösung und 0,6 M Na_2SO_4-Lösung (0,05 M H_2SO_4)
Kurve 1 – nicht gereinigte Säure; c_{HR} = 1 M/Isoamylalkohol, Kurve 2 nichtgereinigte Säure; c_{HR} = 0,8 M/n-Hexan, Kurve 3 gereinigte Säure; c_{HR} = 0,45 M/n-Hexan

Anschriften: [1]) 8027 Dresden, Helmholtzstr. 20; [2]) 630090 Nowosibirsk, Prospekt Nauki 3

neuer wäßriger Phase durchgeführt. In den ersten beiden Fällen werden zunächst niedrigere Verteilungsverhältnisse beobachtet, die durch die Anwesenheit wasserlöslicher Zersetzungsprodukte bedingt sind und mit zunehmender Zahl der durchgeführten Verteilungen ansteigen. Für reine n-Caprylsäure ist dagegen die Konstanz der Verteilungsverhältnisse charakteristisch.

Die Reinigung der markierten Carbonsäure erfolgte jeweils vor Durchführung der Versuche in der nachfolgend angegebenen Weise: Die vom Hersteller synthetisierte ^{14}C-markierte Säure (Reinheitsgrad 95%) wird zunächst mit inaktiver n-Caprylsäure im Verhältnis 1:5, anschließend mit n-Hexan (1:6) aufgefüllt. Die erhaltene Lösung wird mit einem Überschuß einer 0,25 M NaOH-Lösung geschüttelt. Die Säure gelangt dabei unter Bildung des Natriumsalzes in die wäßrige Phase. Die wäßrige Lösung wird mit einer kleinen Menge n-Hexan behandelt, das anschließend verworfen wird. Dann wird die wäßrige Lösung des Natriumcaprylates mit Ethanol (1:2) und n-Hexan (1:3) versetzt und das Zweiphasen-Gemisch anschließend mit einem Überschuß an 0,3 N H_2SO_4 behandelt. Dabei wird die Carbonsäure zurückgebildet und wieder in das n-Hexan überführt. Nach dem Abtrennen des Lösungsmittels im Vakuum erhält man die gereinigte Säure. Alle Reinigungsschritte wurden durch Aktivitätsbestimmungen kontrolliert.

Diskussion des Verteilungsgleichgewichtes

Die Verteilung einer Monocarbonsäure zwischen einer wäßrigen und einer organischen Phase wird durch Gleichung (1) beschrieben:

$$HR_{(w)} \rightleftharpoons HR_{(org)} \tag{1}$$

Die Verteilungskonstante ergibt sich dann zu

$$K_{HR} = \frac{c_{HR(org)} \cdot f_{HR(org)}}{c_{HR(w)} \cdot f_{HR(w)}} \tag{2}$$

$c_{HR(org)}$, $c_{HR(w)}$ — analytische Konzentration der Säure in organischer bzw. wäßriger Phase

$f_{HR(org)}$ $f_{HR(w)}$ — Aktivitätskoeffizienten in beiden Phasen

Die Größen $f_{HR(org)}$ und $f_{HR(w)}$ hängen dabei vom gewählten System und den auftretenden Wechselwirkungen der Carbonsäure in beiden Phasen ab.

In der wäßrigen Phase ist die Säuredissoziation als wesentliche Wechselwirkung zu erwarten. Im vorliegenden Fall ist infolge der kleinen Dissoziationskonstante von n-Caprylsäure ($K_D = 1{,}28 \cdot 10^{-5}$ [30]) und auf Grund des gewählten pH-Wertes von 2,18 der dissoziierte Anteil sehr gering (Dissoziationsgrad $\alpha < 0{,}2$; vgl. [31]). Somit braucht die Dissoziation bei der quantitativen Behandlung des Verteilungsgleichgewichtes nicht berücksichtigt zu werden. Aus den gleichen Gründen sowie auf Grund der sehr kleinen Konzentrationen sind die Dimerisation [23] sowie die Bildung von anionischen Dimeren, R_2^{2-} und HR_2^- [1], in der wäßrigen Lösung vernachlässigbar klein.

In organischer Lösung neigen Carbonsäuren zur Dimerisation. Diese ist insbesondere in solchen Lösungsmitteln bedeutsam, die nur über eine geringe Lösungsmittelpolarität und damit über eine geringe Wechselwirkungswahrscheinlichkeit verfügen, wie beispielsweise Kohlenwasserstoffe. Gleichung (3) beschreibt diesen Vorgang:

$$2HR_{(org)} \rightleftharpoons (HR)_{2(org)} \tag{3}$$

Die Dimerisationskonstante ist dann:

$$^1K_{Dim} = \frac{c_{(HR)_{2(org)}} \cdot f_{(HR)_{2(org)}}}{c^2_{HR(org)} \cdot f^2_{HR(org)}} \tag{4}$$

Unter der Voraussetzung, daß in der wäßrigen Phase keine und in der organischen Phase nur die Dimerisation als Wechselwirkung auftreten, ergibt sich die Gesamtkonzentration an Monocarbonsäure in beiden Phasen zu:

$$c_{HR(w)\,gesamt} = c_{HR(w)} \tag{5a}$$

$$c_{HR(org)\,gesamt} = c_{HR(org)} + 2c_{(HR)_2(org)} \tag{5b}$$

Damit erhält man für das experimentell leicht zugängliche Verteilungsverhältnis D_{HR}:

$$D_{HR} = \frac{c_{HR(org)\,gesamt}}{c_{HR(w)\,gesamt}} = \frac{c_{HR(org)} + 2\,c_{(HR)_{2(org)}}}{c_{HR(w)}} \tag{6}$$

bzw. nach Umformung unter Verwendung der Gleichungen (2) und (4), wobei die Aktivitätskoeffizienten näherungsweise als konstant betrachtet werden (symbolisiert durch einen Querstrich über den Konstanten):

$$D_{HR} = {}^1\overline{K}_{HR} + 2\,{}^1\overline{K}^2_{HR} \cdot {}^1\overline{K}_{Dim} \cdot c_{HR(w)} \tag{7}$$

Mit Hilfe von Gleichung (7) können aus Ergebnissen experimenteller Verteilungsuntersuchungen die Gleichgewichtskonstanten $\overline{K}_{HR}$ und $\overline{K}_{Dim}$ berechnet werden. Dabei ist die Einbeziehung der Aktivitätskoeffizienten in die Konstanten nur dann zulässig, wenn alle auf Grund der experimentellen Bedingungen möglichen Wechselwirkungen berücksichtigt werden. Im folgenden sollen Einflußfaktoren diskutiert werden, die zu einer Komplizierung der durch Gleichung (7) beschriebenen Verhältnisse bei der Verteilung von Carbonsäuren führen. Eine wichtige Größe in der wäßrigen Phase stellt die Aktivität des Wassers dar, deren Änderung die Hydratation der Carbonsäuren [31] beeinflußt.

Aber auch in der organischen Phase sind in Abhängigkeit von der Lösungsmittelpolarität weitere Wechselwirkungen möglich. Man muß dabei zwischen relativ schwacher Wechselwirkung, beispielsweise für Chloroform, oder starker Wechselwirkung, wie im Fall von typischen Wasserstoffbrückendonatoren bzw. -acceptoren, z. B. für Alkohole, unterscheiden. Im ersten Fall existiert zusätzlich zur diskutierten Dimerisation (Gleichung (3)) noch ein Solvatationsgleichgewicht in der organischen Phase, wobei vorausgesetzt wird, daß diese schwache Wechselwirkung bevorzugt mit den monomeren Säuremolekülen auftritt:

$$HR_{(org)} + nS_{(org)} \rightleftharpoons (HR \cdot nS)_{(org)} \tag{8}$$

$$K_S = \frac{c_{(HR\cdot nS)(org)} \cdot f_{(HR\cdot nS)(org)}}{c_{HR(org)} \cdot a^n_{S(org)}} \tag{9}$$

S — Lösungsmittel

a_S — Aktivität des Lösungsmittels

Bei Berücksichtigung von Gleichung (8) folgt für D_{HR}:

$$D_{HR} = \frac{c_{HR(org)} + c_{(HR\cdot nS)(org)} + 2\,c_{(HR)_{2(org)}}}{c_{HR(w)}}$$

$$= {}^1\overline{K}_{HR}(1 + \overline{K}_S \cdot a^n_S) + 2\,{}^1\overline{K}^2_{HR} \cdot {}^1\overline{K}_{Dim} \cdot c_{HR(w)} \tag{10}$$

Führt man Untersuchungen mit derartigen Lösungsmitteln bei nur geringer Säurekonzentration durch, so wird sich auf Grund der schwachen Komplexbildung und des hohen Lösungsmittelüberschusses die Aktivität a_S nicht wesentlich ändern. Das bedeutet, daß die Verteilungs- und Dimerisationskonstanten, bestimmt gemäß Gleichung (7), den folgenden physikalischen Zusammenhang widerspiegeln:

$$^2\overline{K}_{HR} = {}^1\overline{K}_{HR}(1 + \overline{K}_S \cdot a^n_S) \tag{11}$$

bzw.

$$^2\overline{K}_{Dim} = \frac{^1\overline{K}_{Dim}}{(1 + \overline{K}_S \cdot a_S^n)^2} \quad (12)$$

Bei Einsatz von Lösungsmitteln mit einer ausgeprägten Lösungsmittelpolarität, beispielsweise von typischen Wasserstoffbrückenacceptoren wie Alkoholen, werden in der organischen Phase im Vergleich zum ersten Fall wesentlich stabilere Komplexe gebildet, so daß der Anteil an nicht solvatisierten Säuremolekülen relativ klein ist. Verteilung und Dimerisation werden in solchen Fällen durch die Gleichungen (13) bzw. (14) beschrieben:

$$HR_{(w)} + nS_{(org)} \rightleftharpoons (HR \cdot nS)_{(org)} \quad (13a)$$

$$^3\overline{K}_{HR} = \frac{c_{(HR \cdot nS)(org)}}{c_{HR(w)} \cdot a_n^S} \quad (13b)$$

$$2(HR \cdot nS)_{(org)} \rightleftharpoons (HR)_{2(org)} + 2nS_{(org)} \quad (14a)$$

$$^3\overline{K}_{Dim} = \frac{c_{(HR)_2(org)} \cdot a_{S\,(org)}^{2n}}{c^2_{(HR \cdot nS)(org)}} \quad (14b)$$

Aus diesen Beziehungen folgt für D_{HR}:

$$D_{HR} = {}^3\overline{K}_{HR} \cdot a_S^n + {}^3\overline{K}_{HR}^2 \cdot {}^3\overline{K}_{Dim} \cdot c_{HR(w)} \quad (15)$$

Werden die Untersuchungen mit einem hohen Lösungsmittelüberschuß, also bei geringer Säurekonzentration, durchgeführt, so wird sich die Lösungsmittelaktivität a_S nur unwesentlich ändern. Die nach Gleichung (7) ermittelten Konstanten entsprechen dann den Beziehungen (16) und (17):

$$^4\overline{K}_{HR} = {}^3\overline{K}_{HR} \cdot a_S^n \quad (16)$$

bzw.

$$^4\overline{K}_{Dim} = {}^3\overline{K}_{Dim} \cdot 1/a_S^{2n} \quad (17)$$

Wie die durchgeführten Betrachtungen zeigen, erhält man für Lösungsmittel unterschiedlicher Polarität unterschiedliche Beziehungen, die das Verteilungsverhalten beschreiben (Gleichungen (7), (10), (15)). Wählt man bei den Untersuchungen einen Konzentrationsbereich, in dem die Lösungsmittelaktivität praktisch konstant ist, können die Verteilungs- und Dimerisationskonstanten in allen Fällen entsprechend Gleichung (7) bestimmt werden. Man muß sich allerdings bewußt sein, daß die Größen in Abhängigkeit von den Lösungsmitteleigenschaften eine unterschiedliche physikalische Bedeutung aufweisen und auch mit Gleichgewichtskonstanten, die mit physikalischen Methoden ermittelt wurden (z. B. aus ^{1}HNMR-, IR-Untersuchungen), nicht zu vergleichen sind. Derartige Untersuchungen sind trotz der angeführten Unzulänglichkeiten notwendig und nützlich, zumal eine Lösung der speziellen Gleichungen (10) und (15) aus den bekannten Schwierigkeiten bei der Ermittlung von Lösungsmittelkomplexspezies nicht möglich ist.

Eine analoge Betrachtung ist auch für die Hydratation der Monocarbonsäure in der organischen Phase möglich [1, 31]. So führt die Erhöhung der Wasseraktivität von 0 auf 1 zu einer nachweisbaren Erniedrigung der Aktivitätskoeffizienten von n-Caprylsäure [14], obwohl die Wasserstoffbrückenbindung mit dem Wasser im Vergleich zu der in dimeren Säuremolekülen relativ schwach ist [32].

Experimentelle Ergebnisse und Diskussion

Die Ergebnisse der Verteilungsuntersuchungen von n-Caprylsäure zwischen einer 0,6 molaren Na_2SO_4-Lösung und fünf verschiedenen organischen Lösungsmitteln sind für einen Konzentrationsbereich von $4 \cdot 10^{-4}$ bis 6,3 M n-Caprylsäure in Abb. 2 dargestellt. Die Bestimmung der Verteilungs- und Dimerisationskonstanten $\overline{K}_{HR}$ bzw. $\overline{K}_{Dim}$ erfolgte entsprechend Gleichung (7) durch lineare Regressionsanalyse mit einem Kleinrechner. Die Werte sind in Tab. 1 zusammengestellt. Es wurden dabei zur Berechnung nur Daten bei relativ geringer n-Caprylsäurekonzentration in der organischen Phase ($c_{HR(org)gesamt} \leqq 0,42$ M) eingesetzt; die Säurekonzentration in der wäßrigen Phase betrug für n-Decan und Benzen $\leqq 2 \cdot 10^{-4}$ M. Diese Auswahl erfolgte, um die Aktivität des Lösungsmittels konstant zu halten und den Einfluß zusätzlicher Wechselwirkungen sowohl in der wäßrigen als auch in der organischen Phase zu vermeiden [14, 23]. Die mit Hilfe der Konstanten berechneten Verteilungsverhältnisse für n-Caprylsäure sind gleichfalls in Abb. 2 dargestellt (gestrichelte Kurven). Es zeigt sich, daß die experimentell und rechnerisch ermittelten Werte in einem weiten Konzentrationsbereich identisch sind. Die Ergebnisse bestätigen die qualitative Aussage, daß mit dem Anwachsen der Verteilungskonstanten die Dimerisationskonstanten sinken [13, 25]. Diese Abstufung in der Reihe n-Decan, Benzen, Isoamylacetat, Diisopropylketon, Isoamylalkohol entspricht der Zunahme der Lösungsmittelpolarität der eingesetzten Verbindungen [33].

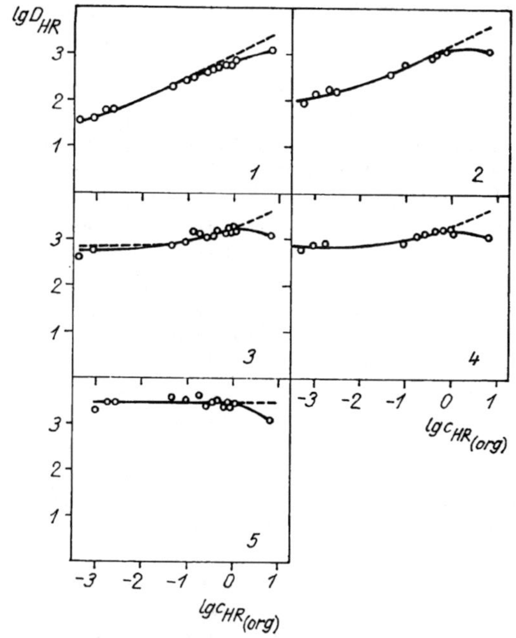

Abb. 2. Verteilung von n-Caprylsäure zwischen n-Decan (Kurve 1), Benzen (2), Isoamylacetat (3), Diisopropylketon (4), sowie Isoamylalkohol (5) und einer 0,6 M Na_2SO_4-Lösung (0,05 M H_2SO_4) in Abhängigkeit von der Konzentration an n-Caprylsäure
——— experimentelle Werte; – – – berechnete Werte

Tab. 1. Verteilungs- und Dimerisationskonstanten von n-Caprylsäure in verschiedenen Lösungsmitteln

Lösungsmittel	$\overline{K}_{HR}$	$\overline{K}_{Dim}$
n-Decan	23 ± 6	900 ± 390
Benzen	103 ± 21	146 ± 33
Isoamylacetat	700 ± 140	2,6 ± 1,1
Diisopropylketon	740 ± 50	3,0 ± 0,4
Isoamylalkohol	3100 ± 280	0 ± 0,2

Es ist offensichtlich, daß die Wechselwirkung zwischen den monomeren Säuremolekülen und dem Lösungsmittel vorherrschend ist. Mit deren Zunahme sinkt die Dimerisation. Für Isoamylacetat, Diisopropylketon und insbesondere Isoamylalkohol ist diese Wechselwirkung so stark, daß praktisch in der organischen Phase keine dimeren Säuremoleküle vorliegen. Der Vergleich der erhaltenen Konstanten mit Literaturdaten für Benzen [25] und Isoamylalkohol [23] zeigt, daß die Verteilungskonstanten mit steigender Ionenstärke der wäßrigen Lösung stark ansteigen. Diese Tatsache ist sicherlich eine Folge der bei höherer Ionenstärke sinkenden Wasseraktivität und der damit verbundenen geringeren Wechselwirkungsmöglichkeiten in wäßriger Lösung.

Die angegebenen Konstanten sind sowohl zur Bestimmung der Verteilung von n-Caprylsäure als auch zur Interpretation von Extraktionsgleichgewichten von Metallionen einsetzbar, allerdings mit der Einschränkung, daß die experimentellen Bedingungen — von besonderer Bedeutung sind die Wasser- und Lösungsmittelaktivität — analog sind.

Die Ergebnisse der Verteilungsuntersuchungen mit n-Caprylsäure können auch in anderer Form dargestellt werden, wenn man die Aktivitätskoeffizienten der Säure in der organischen Phase betrachtet. In diesem Fall kann auf eine detaillierte Unterscheidung der Arten der Wechselwirkung verzichtet werden. Die in Anlehnung an [23] berechneten Aktivitätskoeffizienten $f_{HR(org)}$ besitzen allerdings hypothetischen Charakter, da als Bezugssystem eine nichtreale wäßrige 1 M n-Caprylsäurelösung gewählt wurde. Dadurch wird allerdings der in diesem Zusammenhang wichtige charakteristische Verlauf der Aktivitätskoeffizienten nicht beeinflußt.

Die Ergebnisse sind in Abhängigkeit von der Säurekonzentration in der organischen Phase für alle untersuchten Lösungsmittel in Abb. 3 dargestellt. Wie darin gezeigt, sinken die Aktivitätskoeffizienten bei n-Decan und Benzen als Lösungsmittel mit steigender Säurekonzentration infolge der Dimerisation. Für Isoamylalkohol sowie zum Teil auch für Isoamylacetat und Diisopropylketon liegen die Aktivitätskoeffizienten niedriger als für unverdünnte n-Caprylsäure. Das ist ein Hinweis auf eine stärkere Wechselwirkung in diesen Lösungsmitteln.

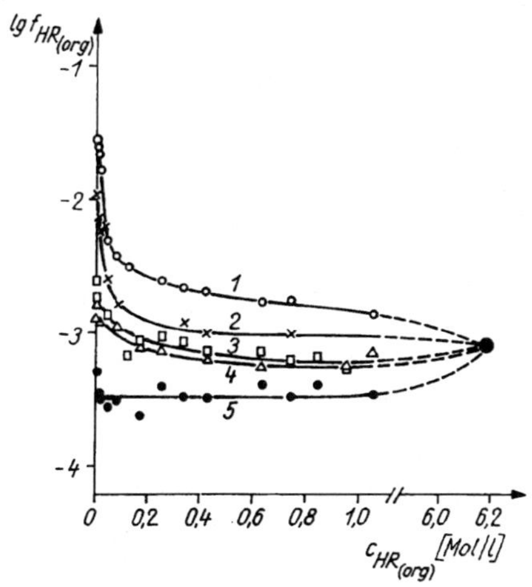

Abb. 3. Aktivitätskoeffizienten $f_{HR(org)}$ von n-Caprylsäure in der organischen Phase für n-Decan (Kurve 1), Benzen (2), Isoamylacetat (3), Diisopropylketon (4) und Isoamylalkohol (5) als Lösungsmittel in Abhängigkeit von der n-Caprylsäurekonzentration

Im Vergleich zu den Verteilungs- und Dimerisationskonstanten ist der Einsatz der Aktivitätskoeffizienten bei der Diskussion von Extraktionsgleichgewichten dadurch vorteilhaft, daß die Verhältnisse für den gesamten Konzentrationsbereich beschrieben werden. Das ist unter Einsatz der genannten Konstanten nur im Bereich niedriger Konzentrationen möglich, wie Untersuchungen zum Verdünnungsmitteleinfluß bei der Extraktion von Fe(III) zeigen [28]. Außerdem wird aus Abb. 3 deutlich, daß Untersuchungen zum Verdünnungsmitteleinfluß in Extraktionsgleichgewichten mit Monocarbonsäuren besser in niedrigen Konzentrationsbereichen durchgeführt werden, weil dann die Unterschiede stärker ausgeprägt sind.

Für die exakte Durchführung der Experimente danken wir Frau *I. Schubert*, für die Messung der ^{14}C-markierten Proben Frau *L. Neef* und Herrn *M. Kubsch* sowie für die Unterstützung bei der mathematischen Bearbeitung Herrn Dr. *W. Kluge*, alle aus dem ZFW Dresden. Frau Dr. *M. Bubner*, ZfK Rossendorf, danken wir für wertvolle Diskussionen zur Reinigung der ^{14}C-markierten n-Caprylsäure.

Eingegangen am 24. 9. 1980

Literatur

[1] *D. S. Flett, M. J. Jaycock*, Ion Exchange and Solvent Extraction, Marcel Dekker, New York 1973, Vol. 3, p. 1
[2] *F. Miller*, Talanta **21** (1974) 685
[3] *N. M. Rice*, Hydrometallurgy **3** (1978) 111
[4] *Z. Brzózka, C. Rózycki*, Chem. Anal. **25** (1980) 3
[5] *K. Gloe, P. Mühl*, Isotopenpraxis **15** (1979) 236
[6] *P. Mühl, K. Gloe*, Mitt.-Bl. Chem. Ges. DDR **27** (1980) 153
[7] *T. Sekine, M. Isayama, S. Yamaguchi, H. Moriya*, Bull. Chem. Soc. Jap. **40** (1967) 27
[8] *H. A. Pagel, F. W. McLafferty*, Anal. Chem. **20** (1948) 272
[9] *R. Collander*, Acta Chem. Scand. **5** (1951) 774
[10] *H. J. Vogt, C. Geankoplis*, J. Ind. Eng. Chem. **45** (1953) 2119
[11] *K. B. Sandell*, Mh. Chem. **89** (1958) 36
[12] *C. P. Brown, A. R. Mathieson*, J. phys. Chem. **58** (1957) 1934
[13] *I. Kojima, M. Yoshida, M. Tanaka*, J. inorg. nucl. Chem. **32** (1970) 987
[14] *A. I. Kholkin, I. M. Ivanov, L. M. Gindin*, Izv. Sib. Otd. AN SSSR Ser. khim. nauk, Nr. 7 (1965) vyp. 2, 42
[15] *L. M. Gindin, A. I. Kholkin*, Izv. Sib. Otd. AN SSSR, Ser. khim. nauk, Nr. 11 (1966) vyp. 3, 23
[16] *A. I. Kholkin, L. M. Gindin*, Izv. Sib., Otd. AN SSSR, Ser. khim. nauk, Nr. 4 (1969), vyp. 2, 70
[17] *G. K. Schweitzer, F. C. Clifford*, Anal. Chim. Acta **45** (1969) 57
[18] *I. Kojima, M. Uchida, M. Tanaka*, J. inorg. nucl. Chem. **32** (1970) 1333
[19] *A. I. Kholkin, L. M. Gindin, K. S. Luboshnikova, P. Mühl, K. Gloe*, Izv. Sib. Otd. AN SSSR, Ser. khim. nauk, Nr. 9 (1976) vyp. 4, 82
[20] *P. Mühl, L. M. Gindin, A. I. Kholkin, K. Gloe, K. S. Luboshnikova*, Proc. Int. Solv. Extr. Conf. Lyon, London 1974, Vol. 2, p. 1717
[21] *L. M. Gindin, P. I. Bobikov, G. M. Patjukov, V. A. Darjalzkij, K. P. Brodnitzkij, A. I. Kazavin*, Tsvet. Metally **11** (1960) 21
[22] *P. Mühl, K. Gloe, M. Saradshow, L. M. Gindin, A. I. Kholkin, S. N. Ivanova*, Hydrometallurgy **1** (1975) 113
[23] *A. I. Kholkin, L. M. Gindin*, Izv. Sib. Otd. AN SSSR, Ser. khim. nauk, Nr. 7 (1965) vyp. 2, 33
[24] *D. S. Goodman*, J. Amer. Chem. Soc. **80** (1958) 3887
[25] *G. K. Schweitzer, D. K. Morris*, Anal. Chim. Acta **45** (1969) 65
[26] *A. I. Kholkin, L. M. Gindin, L. Ja. Savkina, I. Ju. Flejtlich*, Izv. Sib. Otd. AN SSSR, Ser. khim. nauk, Nr. 4 (1972) vyp. 2, 76
[27] *K. Gloe. P. Mühl, A. I. Kholkin, L. M. Gindin, A. S. Černobrov, K. S. Luboshnikova*, Z. Chem. **16** (1976) 492
[28] *A. I. Kholkin, K. Gloe, P. Mühl, K. S. Luboshnikova, L. M. Gindin*, Izv. Sib. Otd. AN SSSR, Ser. khim. nauk Nr. 9 (1980) vyp. 4, 67
[29] *M. Bubner*, ZfK-Jahresbericht 1975, S. 86
[30] *J. F. J. Dippy*, Chem. Rev. **25** (1939) 151
[31] *I. Kojima, M. Kako, M. Tanaka*, J. inorg. nucl. Chem. **32** (1970) 1651
[32] *A. I. Kholkin*, Diss., Novosibirsk 1967
[33] *C. Reichardt*, Lösungsmitteleffekte in der organischen Chemie, Verlag Chemie, Weinheim/Bergstr., 1973

Radiochemische Untersuchung der Korrosion von Kohlenstoffstahl OL-32 in verschiedenen Reaktionsmedien

A. Cecal

(Fakultät für chemische Technologie des Polytechnischen Isntituts, Iasi, Rumänien)[1])

Mit einer radiochemischen Methode, die auf dem Prinzip der Isotopenverdünnung beruht, wird die Kinetik des Korrosionsprozesses bei Kohlenstoffstahl OL-32 unter Einwirkung von Salzsäure (0,5 N) in Anwesenheit einiger Gemische von Wasser und organischem Lösungsmittel verfolgt. Es wird die Wirkung des Reaktionsmediums (Wasser/organisches Lösungsmittel) auf die Geschwindigkeitskonstante des Korrosionsprozesses untersucht und ein Ansteigen der Werte dieser Konstante bei Erhöhung der Wasserkonzentration im gegebenen System beobachtet. Das führt zu der Schlußfolgerung, daß das organische Lösungsmittel eine hemmende Rolle gegenüber der Korrosionswirkung von Salzsäure auf die entsprechenden Metallproben spielt. Als radioaktiver Tracer wurde $^{55+59}Fe$ in Form von $^{55+59}FeCl_3$ (10^{-3} M) mit einer spezifischen Aktivität von 2×10^{-6} Ci/ml eingesetzt.

Keywords

corrosion; corrosion inhibitors; iron 55, 59; isotope dilution; kinetics; steels; tracer techniques

Einführung

Verschiedene Autoren haben Radionuklide verwendet, um den Korrosionsprozeß von Metallen unter verschiedenen experimentellen Bedingungen oder um den Schutzeffekt hemmender Substanzen auf diesen Prozeß zu untersuchen.

So haben *Vigdorovich* und seine Mitarbeiter [1] die Auflösung von Eisen in einer Methanollösung in Anwesenheit von Salzsäure bei 60 °C untersucht und beobachtet, daß die Korrosionsgeschwindigkeit von der Konzentration der Wasserstoffionen abhängt, während *Boccarella* und *Sutton* [2] eine Abhängigkeit der Korrosionsgeschwindigkeit des Eisens von der Menge an Äthynol in verschiedenen Gemischen von Wasser und Äthanol beobachteten.

Close und *Hines* [3] haben die Korrosion einiger Stahlsorten in Schwefelsäure untersucht. Die Stähle wurden mit Neutronen aktiviert, wobei die Radionuklide ^{59}Fe und ^{55}Cr entstanden und für die Verfolgung des Korrosionsprozesses verwendet wurden.

In einer Versuchsreihe haben sich *R. Dreyer* und andere [4—7] mit dem Studium der Adsorption einiger markierter Anionen ($^{35}SO_4^{2-}$, $^{131}J^-$, $^{80}Br^-$ usw.) auf verschiedenen Metalloberflächen (Zirkonium, Nickel, Kupfer usw.) unter verschiedenen Versuchsbedingungen beschäftigt, während *Turos* und *Wilhelmi* [8] das Verfahren der Retrodiffusion einiger schwerer Teilchen ($^4_2$He, $^3_2$He und D) beim Studium der Korrosion unterworfener Metalloberflächen anwendeten.

Auch in einer Reihe weiterer Arbeiten [9—13] wird die Untersuchung des Korrosionsprozesses von Metallen in verschiedenen Reaktionsmedien unter Verwendung markierter Atome erörtert.

Die vorliegende Arbeit ist die Fortsetzung einer früheren Studie bezüglich der Korrosion einiger Proben von Kohlenstoffstahl OL-32 in verschiedenen Korrosionsmedien mit und ohne anorganische und organische Korrosionsinhibitoren [14, 15].

Experimenteller Teil

Für die Ausführung dieser Arbeit wurden zunächst mehrere ringförmige Muster (∅ 1,7 cm) aus Kohlenstoffstahl des Typs OL-32 hergestellt. Dieser enthält neben Fe folgende Bestandteile: 0,17% C; 0,21 bis 0,60% Mn; 0,017% Si und 0,055% S. Diese Proben wurden geschliffen, gewaschen, mit Äthanol entfettet und in einem Exsikkator getrocknet. Danach wurden Probenflaschen mit verschiedenen Mischungen von Wasser und organischem Lösungsmittel (Methanol, Äthanol, Propanol, Äthylenglykol, Glyzerin) in den Verhältnissen (%) 20:80, 35:65, 50:50, 65:35 und 80:20 sowie auch eine Probe nur mit destilliertem Wasser vorbereitet. In jede dieser Probenflaschen wurden je 30 ml 0,5 N HCl als Korrosionsmittel gegeben sowie je 20 ml $^{55+59}FeCl_3$-Lösung (10^{-3} M), die eine spezifische Aktivität von 2×10^{-6} Ci/ml besaß. Das Gesamtvolumen der Lösung pro Flasche betrug 150 ml.

Dann wurde in jede Flasche mit den Reaktionsgemischen je ein Muster des Kohlenstoffstahls OL-32 gegeben, um es der elektrochemischen Korrosion auszusetzen. Die Arbeitstemperatur betrug 22,5 °C.

In gleichen Zeitabständen wurde aus jeder Probenflasche je 1 ml Lösung entnommen und in einen Porzellanschmelztiegel mit bekanntem Gewicht gefüllt. Nach Verdunstung der Lösung in der Schale unter einer Infrarotlampe wurde die verbleibende Masse mit einer Analysenwaage gewogen und danach ihre Radioaktivität mit einem GM-Zählrohr Typ β (3 mg/cm²), angeschlossen an ein Zählgerät Typ VSP-1960, bestimmt.

Unter den gleichen Bedingungen, aber ohne Metallmuster, wurden Vergleichslösungen hergestellt, die nur aus dem Reaktionsmedium (Gemisch aus Wasser und organischem Lösungsmittel, Salzsäure sowie $^{55+59}$Fe-Lösung) bestanden, um den Zerfall des radioaktiven Eisens zu verfolgen. In den gleichen Zeitintervallen wie im Fall der Proben mit den der Korrosion ausgesetzten Metallringen wurde auch aus diesen Vergleichslösungen je 1 ml entnommen und — nach Verdunstung und Wägung — die Radioaktivität des verbliebenen Rests bestimmt.

[1]) Anschrift: Splai Bahlui-71, 6600-Iasi, Rumänien

Während bei den Vergleichslösungen die Restmenge, die nach der Verdunstung verblieb, über die gesamte Versuchsdauer ungefähr konstant war (0,0045 ± 0,0007 g), ergab sich, wie erwartet, bei den Kohlenstoffstahl-Proben ein erhebliches Anwachsen dieser Restmenge (zwischen 0,02 und 0,09 g) mit zunehmender Korrosionsdauer.

Ergebnisse und Diskussion

Die elektrochemische Korrosion des Eisens oder eines anderen Metalls kann durch zwei Reaktionen wiedergegeben werden, die parallel ablaufen.

Die erste Reaktion beinhaltet die anodische Auflösung des Metalls:

$$Fe \rightarrow Fe^{2+} + 2e^-$$

und weiter

$$Fe^{2+} \rightarrow Fe^{3+} + 1e^-$$

während die zweite sich auf den Abbau (Reduktion) der Wasserstoffionen (Korrosion durch Depolarisation mit Wasserstoffionen) bezieht, wenn die Korrosion in einem sauren Medium erfolgt:

$$3\,H^+ + 3\,e^- \rightarrow 3/2\,H_2$$

(Die Depolarisation könnte man auch durch Reduktion des Sauerstoffs durchführen – in alkalischem Medium – oder durch Reduktion eines Oxydationsmittels – in neutralem Medium.)

Das Eisen, das aus der Metallprobe in die Korrosionslösung übergeht (Fe^{2+} und Fe^{3+}), wirkt auf das im Reaktionsmedium von vornherein vorhandene $^{55+59}Fe^{3+}$ wie ein Verdünnungsmittel, genau wie im Fall der Isotopenverdünnung. Hier ist jedoch das Isotop, mit dem man verdünnt, nicht von außen zugeführt, sondern entsteht eben als Folge der eigentlichen Korrosion des Ringes aus Kohlenstoffstahl OL-32.

Je mehr nun die Konzentration des Fe^{3+} in der Lösung zunimmt (experimentell festgestellt durch ein Anwachsen des Gewichts des Restes nach der Verdunstung der Lösungsproben), desto mehr nimmt die zusätzliche Abschirmung der β-Strahlung des $^{55+59}Fe^{3+}$ zu, die aus den tieferen Schichten des betreffenden Rückstands emittiert wird.

Ob man die spezifische Aktivität der Lösung (Imp./min · ml) oder die des Rückstands (Imp./min · g) mißt – man stellt experimentell ein Fallen dieser Werte mit der Zunahme der inaktiven Eisenmenge fest, die von der Probe in die betreffende Korrosionslösung übergeht, was durch folgende Beziehung ausgedrückt wird:

$$R = f\left(\frac{1}{Fe^{n+}}\right) \tag{1}$$

wobei $Fe^{n+} = Fe^{2+} + Fe^{3+}$ ist.

R stellt die spezifische Aktivität dar, Fe^{n+} ist die Konzentration des gelösten Eisens in dem korrosiven Medium, in dem sich das betreffende Metallmuster befindet.

Weil der umgekehrte Prozeß, die Ablagerung des Fe^{n+} auf der Probe, wegen des stark sauren Mediums praktisch Null ist, beträgt die Reaktionsgeschwindigkeit der anodischen Auflösung des Eisens im gegebenen korrosiven Medium:

$$\frac{dx}{dt} = -k(c-x) \quad \text{oder} \quad \ln\frac{c}{c-x} = -k \tag{2}$$

wobei die Anfangskonzentration des Fe^{n+} in der Lösung durch c und die Konzentration zu einem gegebenen Zeitpunkt durch $c - x$ ausgedrückt wird.

Berücksichtigt man, daß die Konzentration des Eisens in der Lösung umgekehrt proportional der spezifischen Aktivität nach Beziehung (1) ist, kann der Gesamtprozeß der Korrosion der Kohlenstoffstahl-Probe und auch der des radioaktiven Zerfalls des Fe^{55+59} wie folgt dargestellt werden:

$$\ln\frac{R_p^t}{R_p^0} = k_1 t \tag{3}$$

Für den radioaktiven Zerfall des $^{55+59}Fe$ allein gilt:

$$\ln\frac{R_e^t}{R_e^0} = k_2 t \tag{4}$$

In diesen beiden Beziehungen repräsentieren R_p^t, R_p^0, R_e^t und R_e^0 die spezifische Aktivität der Lösung mit der jeweiligen Metallprobe (p) sowie die der Vergleichslösung ohne Probe (e) zu einem gegebenen Zeitpunkt (t) und einer Anfangszeit (o). k_1 bedeutet die Gesamtgeschwindigkeitskonstante, die sowohl den reinen Korrosionsprozeß (k) als auch den Prozeß des radioaktiven Zerfalls des Fe^{55+59} umfaßt:

$$k_1 = k + k_2 \tag{5}$$

Subtrahiert man Gleichung (4) von Gleichung (3), so erhält man:

$$\ln\frac{R_p^t R_e^0}{R_p^0 R_e^t} = (k_1 - k_2)\,t = kt \tag{6}$$

Auf Grund der Tatsache, daß unter den Anfangsbedingungen $R_e^0 = R_p^0$ gilt, erhält man die Beziehung:

$$\ln\frac{R_p^t}{R_e^t} = kt \tag{7}$$

die den Prozeß der anodischen Auflösung der Metallprobe im korrosiven Medium beschreibt.

Wenn man die Geschwindigkeitskonstanten der Korrosion der Stahlproben in korrosiven Medien, die Gemische Wasser/organisches Lösungsmittel (s) und reines Wasser (w) enthalten, mit $_sk$ und $_wk$ benennt, so kann man die Beziehung (7) folgendermaßen schreiben:

$$\ln\frac{_sR_p^t}{_sR_e^t} = {}_sk t \tag{7a}$$

und

$$\ln\frac{_wR_p^t}{_wR_e^t} = {}_wk t \tag{7b}$$

Durch das Verhältnis der beiden Geschwindigkeitskonstanten

$$\frac{_sk}{_wk} = K \tag{8}$$

wird die Wirkung des Reaktionsmediums (Wasser/organisches Lösungsmittel) auf den Korrosionsprozeß der Stahlproben definiert.

Die experimentell erhaltenen Daten durch Verfolgung der Veränderung der spezifischen Aktivität der korrosiven Lösungen, in denen sich die Metallproben befanden, wurden graphisch dargestellt als Funktion der Kontaktzeit: $\ln R_p^t/R_e^t = f(t)$, entsprechend der Beziehung (7). Die Ergebnisse zeigt Abb. 1.1 – 1.6.

Aus den Neigungen der erhaltenen Geraden wurden die Geschwindigkeitskonstanten der anodischen Auflösung der Stahlproben OL-32 in korrosiven Medien, die neben Lösungen von Salzsäure und Fe^{55+59} – in konstanten Mengen – auch verschiedene Gemische von Wasser und organischen Lösungsmitteln oder reines Wasser enthielten, berechnet. Die Werte dieser Konstanten sowie die entsprechenden Werte der Wirkung des Reaktionsmediums, entsprechend der Beziehung (8), sind in Tab. 1 enthalten.

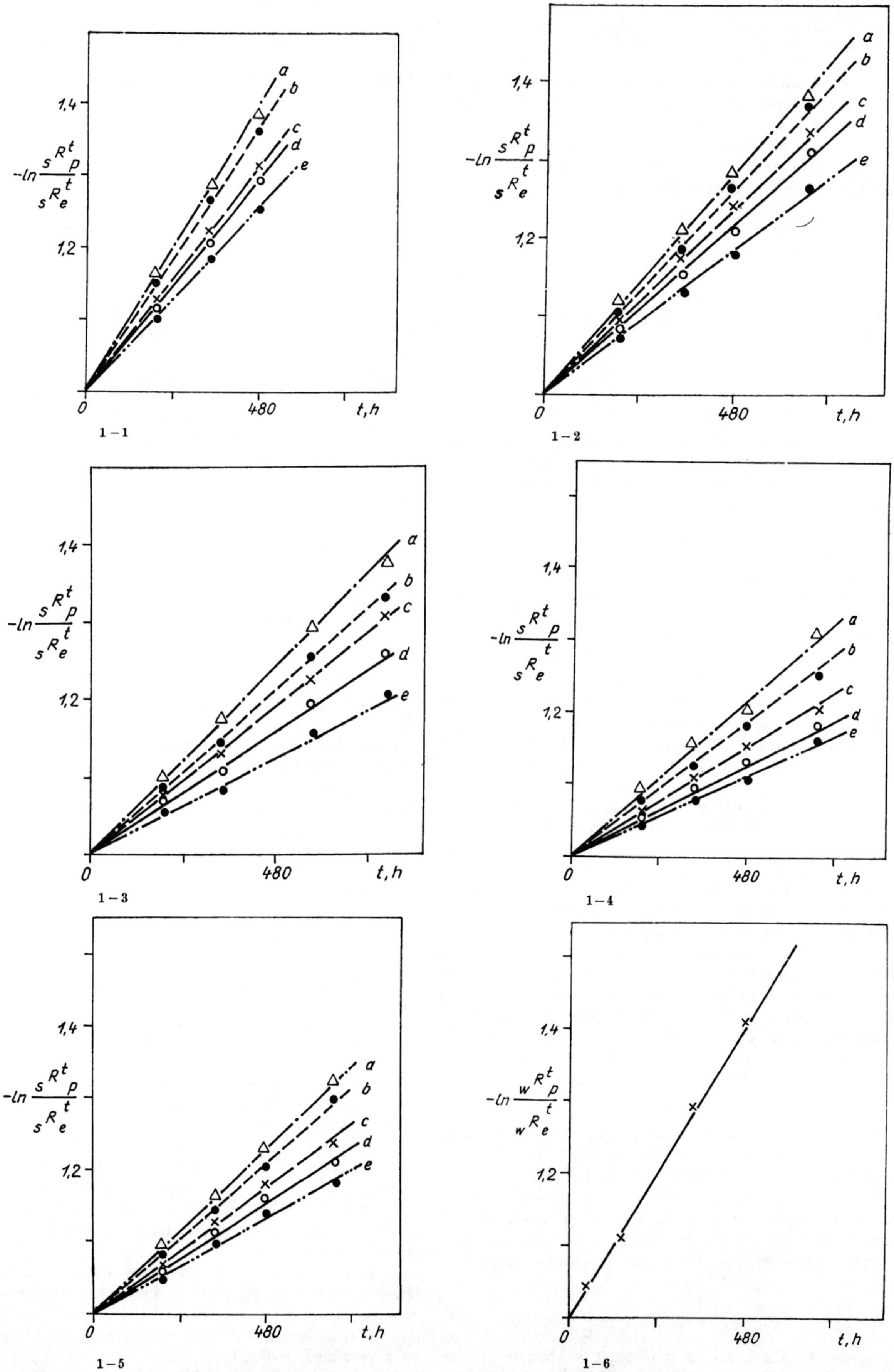

Abb. 1. Der zeitliche Ablauf des Korrosionsprozesses von Kohlenstoffstahl OL-32 unter der Einwirkung von HCl (0,5 N) und in Anwesenheit von $^{55+59}FeCl_3$ (10^{-3} M) in verschiedenen Mischungen von Wasser und organischem Lösungsmittel:
Abb. 1 – 1, Wasser-Methanol Abb. 1 – 2, Wasser-Äthanol Abb. 1 – 3, Wasser-Propanol Abb. 1 – 4, Wasser-Äthylenglykol Abb. 1 – 5, Wasser-Glyzerin Abb. 1 – 6, Wasser; Die Verhältnisse zwischen Wasser und dem betreffenden organischen Lösungsmittel sind: a, 20:80 (%) b, 35:65 (%) c, 50:50 (%) d, 65:35 (%) e, 80:20 (%)

Tab. 1. Geschwindigkeitskonstanten der anodischen Auflösung der Proben aus Kohlenstoffstahl OL-32 in verschiedenen korrosiven Medien und $_{s}k/_{w}k$-Werte, die die Wirkung des Reaktionsmediums (Wasser — organisches Lösungsmittel) auf den gegebenen Korrosionsprozeß ausdrücken.

Wasser — organisches Lösungsmittelgemisch	Wasser — organisches Lösungsmittelverhältnis, %	$k \cdot 10^{-4}$ h^{-1}	$\frac{_{s}k}{_{w}k} = K$
Wasser — Methanol	20:80	5,13	0,63
	35:65	6,00	0,72
	50:50	6,11	0,74
	65:35	7,55	0,91
	80:20	7,88	0,96
Wasser — Äthanol	20:80	3,65	0,44
	35:65	4,62	0,57
	50:50	4,93	0,60
	65:35	5,13	0,63
	80:20	5,40	0,67
Wasser — Propanol	20:80	2,71	0,34
	35:65	3,07	0,37
	50:50	3,73	0,45
	65:35	4,30	0,51
	80:20	4,50	0,55
Wasser — Äthylenglykol	20:80	2,63	0,32
	35:65	2,98	0,36
	50:50	3,42	0,42
	65:35	4,28	0,51
	80:20	4,45	0,55
Wasser — Glyzerin	20:80	2,19	0,26
	35:65	2,50	0,30
	50:50	2,92	0,35
	65:35	3,66	0,44
	80:20	4,17	0,51
Wasser	—	8,17	1,00

Die Ergebnisse zeigen für alle 5 Gemische (Wasser/Methanol, Äthanol, Propanol, Äthylenglykol, Glyzerin), daß mit sinkendem Gehalt an organischem Lösungsmittel der Wert der Korrosionsgeschwindigkeitskonstanten zunimmt. Dies führt zu der Schlußfolgerung, daß das organische Lösungsmittel eine Art Korrosionsinhibitor darstellt (im Vergleich zu Wasser), der mit der polaren OH-Gruppe auf dem Metall fixiert werden kann (in größerem oder kleinerem Maße), und zwar durch elektrostatische Wechselwirkung, während das Kohlenwasserstoffradikal gegen das korrosive Medium gerichtet ist und somit eine Art „Einhüllung" der Probenoberfläche bewirkt, was zu einer Einschränkung des Kontaktes zwischen Metall und Reaktionsmedium führt [16 bis 18].

Außerdem ist in unmittelbarer Nachbarschaft der der Korrosion ausgesetzten Probe die Bildung einiger Komplexverbindungen folgenden Typs möglich:

$$ROH_2^+ [FeCl_4]^-$$

oder

$$ROH_2^+[Fe(H_2O)_2Cl_4]^-$$

neben

$$H_3O^+[FeCl_4]^-$$

deren Konzentration abhängt vom Verhältnis zwischen Wasser und organischem Lösungsmittel mit dem Kohlenwasserstoffrest R. Diese Komplexverbindungen mit dem organischen Lösungsmittel R—OH verhindern in gewissem Maße die Abwanderung neugebildeter Fe^{n+}-Ionen (infolge der anodischen Auflösung des Metalls) in das Lösungsinnere. Auf diese Weise wächst die Konzentration dieser Eisenionen in der Nähe der betreffenden Oberfläche. Diese Tatsache verursacht eine Verringerung der Geschwindigkeit des Korrosionsprozesses [19—23].

Für ein gegebenes Verhältnis Wasser/organisches Lösungsmittel gilt, daß, je größer das Molekulargewicht des organischen Lösungsmittels ist und je mehr OH-Gruppen es enthält, eine um so stärkere Schutzwirkung, also Korrosionshemmung, durch die entsprechenden Komplexe auftritt.

Aus den experimentell gewonnenen Daten ist ersichtlich, daß für ein bestimmtes Verhältnis Wasser/organisches Lösungsmittel die Korrosionsgeschwindigkeit in dieser Reihenfolge abnimmt: Methanol Äthanol Propanol Äthylenglykol Glyzerin.

In dem Maße, wie die Menge des organischen Lösungsmittels im Reaktionsmedium abnimmt, verringert sich die Anzahl der Moleküle der Komplexverbindungen, die mit diesem gebildet werden, und folglich verringert sich die Schutzwirkung, ausgeübt entweder direkt durch die Moleküle des organischen Lösungsmittels oder durch die weiter oben beschriebenen Komplexe, was wiederum den Ablauf des Korrosionsprozesses mit größerer Geschwindigkeit erfolgen läßt.

Man gelangt somit auch zu dem Schluß, daß der Korrosionsprozeß mit maximaler Geschwindigkeit abläuft, wenn das System nur Wasser enthält.

Eingegangen am 30. 7. 1980
Überarbeitete Fassung am 17. 9. 1980

Literatur

[1] *V. I. Vigdorovich, T. V. Korneeva, L. E. Tsygankova*, Izv. Vysch. Uchebn. Zavest. Khim. Technol. **19** (1976) 494
[2] *A. L. Baccarella, H. L. Sutton*, J. Electrochem. Soc. **122** (1975) 1636
[3] *J. H. Close, B. D. Hines*, Isotop. Radiat. Technol. **7** (1970) 404
[4] *R. Dreyer, I. Dreyer*, Z. phys. Chem. (Leipzig) **228** (1965) 177
[5] *I. Dreyer, R. Dreyer*, Z. phys. Chem. (Leipzig) **236** (1967) 107
[6] *I. Dreyer, R. Dreyer*, Z. phys. Chem. (Leipzig) **236** (1967) 121
[7] *J. Redlich, R. Dreyer*, Z. phys. Chem. (Leipzig) **239** (1968) 406
[8] *A. Turos, Z. Willhelmi*, Nukleonika **14** (1969) 319
[9] *J. G. Thomas*, Werkst. Korr. **19** (1968) 957
[10] *F. Wormwell, J. G. N. Thomas*, Soc. Chem. Ind. London, Momogr. **28** (1968) 365
[11] *K. Akerman*, Chem. Anlagen Verfahren **5** (1972) 68
[12] *Ya. M. Kolotyrkin*, Electrochim. Acta, **18** (1973) 593
[13] *L. Grazelewski, H. Paluchowa, N. Krawczykowa, H. Piotrowska, M. Dukielski*, Przem. Chem. **52** (1973) 165
[14] *Al. Cecal, N. Calu, P. Harabor*, Bull. Soc. Chim. France **1975**, 1076
[15] *Al. Cecal, St. Rosu*, Radiochim. Acta **23** (1976) 20
[16] *J. M. West*, „Electrodeposition and Corrosion Processes", D. van Nostrand, London 1965
[17] *W. Forker*, „Elektrochemische Kinetik", Academie Verlag, Berlin 1966
[18] *L. I. Antropov*, „Theoretical Electrochemistry", Mir Publ., Moscow 1972
[19] *J. Rydberg*, Acta Chem. Scand **4** (1950) 1503
[20] *S. Tribaldi*, Bull. Soc. Chim. France, **1961**, 1531
[21] *G. H. Morrison, H. Freiser*, „Solvent Extraction in Analytical Chemistry", J. Wiley and Sons Inc., New York 1957
[22] *H. L. Schläfer*, „Komplexbildung in Lösung", Springer Verlag, Berlin 1961
[23] *M. T. Beck*, „Chemistry of Complex Equilibria", D. van Nostrand, London 1970

Измения дезоксирибонуклеопротеида и внутриядерный синтез ДНК и РНК в печени крыс после облучения и частичной гепатэктомии

Е. Мишурова, Т. Сабова, Ю. Шюлиова

(Кафедра общей биологии Факультета естествознания Университета П. Й. Шафарика)[1])

Определили, что излучение не оказывало значительное влияние на уровень полидезоксирибонуклеотидов в печени неоперированных животных, однако содержание и концентрация ДНП на 2-ой день после облучения понизились. Пониженное включение ^3H-тимидина связано, вероятно, с угнетением репарационного синтеза и нарушением последнего этапа репликационного синтеза ДНК. В результате частичной гепатэктомии повышается уровень полидезоксирибонуклеотидов на 6-ой час. Облучение оперированных животных вызвало угнетение синтеза ДНК в основном на 24-ый час, предоперационное содержание ДНП было достигнуто на 3-ий день. Облучение вызвало понижение концентрации ДНК в ядрах, сама частичная гепатэктомия вызвала повышенное включение ^3H-тимидина до 24-го часа, которое продолжалось до 3-го дня. После самого облучения мы наблюдали только умеренное статистически значимое понижение концентрации РНК. В регенерирующей печени облученных животных ход изменений был подобный изменениям контрольных животных.

Keywords

biological radiation effects; irradiation; liver; nucleic acids; nucleoproteins; rats; tritium; X radiation

Исследование синтеза ДНК на основании инкорпорации радиоактивных предшественников показало значительное отличие объема синтеза ДНК в интактной и регенерирующей печени. В интактной печени количество новообразованной ДНК очень мало. В регенерирующей печени крыс синтез ДНК начинает возрастать с 12-ого часа после частичной гепатэктомии [1]. Тормозящее влияние излучения на включение предшественников в нуклеиновые кислоты отмечало уже много авторов [1, 2]. После облучения блокируется первая волна синтеза РНК. В регенерирующей печени повышается внутриядерный синтез РНК кратко после воздействия с максимумом около 12—16 часа [3].

Цель работы — более подробное исследование влияния излучения на дезоксирибонуклеопротеиды и внутриядерный синтез ДНК и РНК при применении предшественников в интактной и регенерирующей печени крыс в разных часовых интервалах после частичной гепатэктомии.

Методика опытов

Опыты проводились на взрослых крысах-самцах линии Вистар со средним весом 180—200 г. Животных содержали в условиях обычного вивария, а совокупность всех животных в эксперименте составляла 120 штук. Животных разделили на 4 группы:

1-ая — животные облученные неоперированные (О)
2-ая — животные облученные оперированные (O_p)
3-ья — животные необлученные неоперированные (К)
4-ая — животные необлученные оперированные ($К_p$)

Подопытных животных однократно облучали экспозицией 154,8 *мС/кг* (600 *Р*) рентгеновских лучей. После окончания облучения животных 2-ой и 4-ой групп подвергали частичной гепатэктомии по методу *Higgins* и *Anderson* [4]. После операции животные имели свободный доступ к воде и пище. На 6-ой, 12-ый, 18, 24, 28, 72 и 168-ой час после облучения по 5 животных из каждой группы забивали перерезыванием аорты. Всем подопытным животным 3 часа перед убоем внутрибрюшинно вводили радиоактивные предшественники: 8,5 мккюри ^{14}C-оротовой кислоты и 100 мккюри ^3H-тимидина в 0,2 *мл* физиологического раствора. После убоя приготавливались в дубликатах пробы печени для изолирования ядер по методу *Ruby* [5], а потом эти пробы обрабатывались по методу *Цанева* и *Маркова* [6] для отделения РНК от ДНК, а дальнейшие пробы обрабатывались по методу *Cole* и *Ellis* [7], благодаря которому возможно отделение $ДНК_{своб.}$ от $ДНК_{связ.}$ в комплексе ДНП. Количество ДНК мы определяли в обеих фракциях дифениламиновой реакцией.

Радиоактивность измерялась при помощи раствора жидкого сцинтиллятора на жидкостном сцинтилляционном спектрометре LKB-Wallac 81000. Результаты измерений оценивались анализом варианций и при помощи теста *Duncana* [8].

Результаты опытов

В интактной печени крыс уровень полидезоксирибонуклеотидов составляет приблизительно 0,04—0,15 *мг* ДНК/г сырой ткани. Облучение вызвало небольшое и статистически незначимое изменение величин этого показателя.

Концентрация ДНП на 6-ой час после облучения временно повысилсаь. В последующий период была в рамках контрольных величин или сигнификантно ниже на 18-ый и 48-ой час.

Изменение содержания ДНП после облучения имело подобный характер как и изменение концентрации. Общее содержание ДНП однако в печени после 1-ого дня понижалось выразительнее, а на 48-ой час даже на 40% (табл. 1).

Удельная активность полидезоксирибонуклеотидов в печени облученных животных была в течение 1-ого

[1]) Адрес: цл. Шробарова 57, 04167 Кошице, ЧССР

Табл. 1. Концентрация полидезоксирибонуклеотидов, дезоксирибонуклеопротеида (ДНП) и содержание дезоксирибонуклеопротеида в интактной и регенерирующей печени облученных и необлученных крыс

Показатель	Группа	Время после облучения, в часах 6	18	24	30	48	72
Концентрация полидезоксирибонуклеотидов (*мг* ДНК/*г* сырой ткани)	К	0,052 ± 0,002	0,131 ± 0,012	0,155 ± 0,008	0,068 ± 0,003	0,039 ± 0,003	0,135 ± 0,011
	О	0,048 ± 0,009	0,126 ± 0,011	0,162 ± 0,005	0,072 ± 0,004	0,004 ± 0,044	0,121 ± 0,004
	Кр	0,130 ± 0,009	0,136 ± 0,004	0,220 ± 0,021	0,107 ± 0,014	0,046 ± 0,004	0,130 ± 0,005
	Ор	0,157 ± 0,032	0,136 ± 0,004	0,203 ± 0,022	0,064 ± 0,004	0,040 ± 0,003	0,132 ± 0,009
Концентрация дезоксирибонуклеопротеида (ДНП) (*мг* ДНК/*г* сырой ткани)	К	3,222 ± 0,186	3,808 ± 0,196	3,648 ± 0,111	2,488 ± 0,082	4,736 ± 0,100	3,538 ± 0,258
	О	4,063 ± 0,087	3,113 ± 0,217	3,494 ± 0,071	2,403 ± 0,100	4,108 ± 0,204	3,121 ± 0,090
	Кр	2,826 ± 0,166	2,803 ± 0,124	2,823 ± 0,253	2,530 ± 0,067	5,213 ± 0,180	3,389 ± 0,103
	Ор	2,882 ± 0,167	2,303 ± 0,150	2,574 ± 0,095	1,926 ± 0,057	3,396 ± 0,115	2,676 ± 0,084
Содержание дезоксирибонуклеопротеида (ДНП) (*мг* ДНК/орган)	К	32,65 ± 1,881	20,52 ± 0,628	18,47 ± 0,533	28,90 ± 1,017	44,75 ± 2,068	21,99 ± 1,836
	О	38,97 ± 1,618	20,99 ± 1,773	19,25 ± 0,454	24,28 ± 0,820	34,70 ± 0,929	19,10 ± 0,422
	Кр	10,37 ± 0,891	8,092 ± 0,477	7,824 ± 0,801	10,93 ± 0,430	24,70 ± 0,926	19,75 ± 0,197
	Ор	12,56 ± 1,256	7,586 ± 0,588	8,114 ± 1,009	8,676 ± 0,286	15,05 ± 1,124	12,21 ± 0,540

дня повышена, но из-за большой рассеяности данных не было это изменение статистически значимо.

Удельная активность ДНП у облученных животных временно понизилась на 6-ой час. Общее включение ^{3}H тимидина в печени облученных крыс было выразительно угнетено на 6-ой час. В последующий период однако наступает восстановление (табл. 2).

Изменение уровня полидезоксирибонуклеотидов в печени оперированных животных было на много выразительнее, чем в печени неоперированных животных. Сама частичная гепатэктомия вызвала на 6-ой час после операции более чем двухкратное повышение уровня полидезоксирибонуклеотидов в сравнении с интактным контролем. Эффект совмещения излучения и операции в это время вызвал даже трехкратное повышение уровня полидезоксирибонуклоетидов. Повышение уровня полидезоксирибонуклеотидов в регенерирующей печени двух групп оперированных животных было только временным, так как с 18-ого часа их величины понизились на предоперационный уровень (табл. 1).

Концентрация ДНП в печени крыс, подвергнутых частичной гепатэктомии, понизилась до 18-ого часа, а в сравнении с интактным контролем была сигнификантно понижена и на 24-ый час. В результате облучения задерживалось повышение концентрации ДНП, которое было выразительным с 30-ого по 72-ой час (табл. 1).

Содержание ДНП в регенерирующей печени необлученных животных в течение всего обследуемого периода повышалось, а предоперационное состояние достигало на 72-ой час. Облучение очень тормозило повышение содержания ДНП, а главное на 48-ой и 72-ой час, когда величины этого показателя были в сравнении с регенерирующими контрольными животными на 30 или 40% ниже (табл. 1).

Удельная активность полидезоксирибонуклеотидов у оперированных контрольных животных на 30-ый час была даже в 3 раза больше, чем в интактной группе. Облучение не имело выразительное значение на величины этого показателя (табл. 2).

Величины удельной активности ДНП указывают на резкие изменения в регенерирующей печени необлученных и облученных животных. Уже с 18-ого часа замечается умеренное возрастание удельной активности нуклеопротеина, которое было максимальным на 24-ый час, когда контрольные величины превышались даже в 9 раз. Облучение значительно тормозило включение ^{3}H-тимидина в ДНП особенно на 24-ый и 30-ый час, когда удельная активность ДНП была в 9 раз или в 6 раз меньше, чем у регенерируюшего контроля. Однако до 72-ого часа удельная активность возрастала даже над контрольные величины оперированных контрольных животных.

Общее включение ^{3}H-тимидина в регенерирующей печени постепенно возрастало, а на 24-ый день превышало данные интактных животных в 4 раза. Облучение тормозило включение в течение первых 30-ти часов, а на 24-ый час торможение было наиболее сильное. До 72-ого часа удельная активность целого органа была в рамках соответствующих контрольных величин (табл. 2).

Общая экспозиция 154,8 *мС/кг* вызвала у облученных животных понижение концентрации ДНК (*мг* Р/100г ядер), которое было сигнификантно в сравнении с интактным контролем с 20-ого по 72-ой час с минимальными величинами на 30-ый час. Инкорпорация ^{3}H-тимидина была до 24-ого часа заблокирована.

Табл. 2. Удельная активность полидезоксирибонуклеопротеидов и дезоксирибонуклеопротеида в интактноий и регенерирующей печени облученных и необлученных крыс, в %

Показатель	Группа	Время после облучения, в часах					
		6	18	24	30	48	72
Удельная активность полидезоксирибонуклеотидов (DPM/*мг* ДНК)	К	100,00	100,00	100,00	100,00	100,00	100,00
	О	155,87	164,58	182,27	105,39	124,54	148,13
	Кр	103,49	135,06	119,62	287,45	82,67	131,80
	Ор	95,60	136,11	128,48	107,55	140,58	107,44
Удельная активность дезоксирибонуклеопротеида (DPM/*мг* ДНК)	К	100,00	100,00	100,00	100,00	100,00	100,00
	О	37,61	70,31	75,39	92,00	—	89,04
	Кр	202,43	250,52	951,36	578,22	—	553,72
	Ор	133,62	135,88	233,71	124,87	—	752,91

Сама частичаня гепатэктомия вызывала постепенное понижение концентрации ДНК в ядрах регенерирующей печени до 30-ого часа. Незначительное повышение величин наблюдалось только между 3-им и 7-ым днем. Включение ^{3}H-тимидина до 24-ого часа повышалоcъ более чем в 10 раз и на этом уровне удерживалось до 3-ого дня. Облучение вызвало в регенерирующей печени еще более глубокое понижение концентрации ДНК в ядрах, чем сама частичная гепатэктомия. Инкорпорация предшественников в ДНК выразительно возрастала только на 3-ий день (рис. 1).

После самого облучения наблюдалось только незначительное статистически значимое понижение концентрации РНК. В отличие от ДНК, концентрация РНК в ядрах временно повысилась приблизительно в 2 раза на 30-ый час после облучения. Инкорпорация метки в РНК временно понижалась с 30-ого по 48-ой час после облучения.

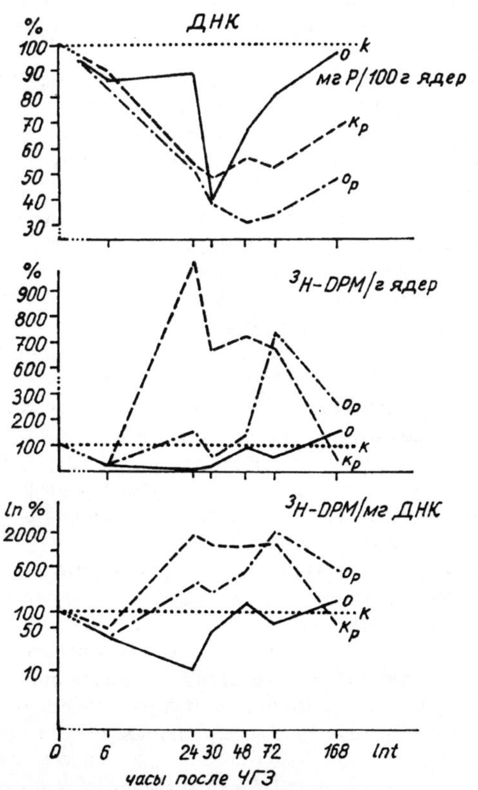

Рис. 1. Концентрация ДНК (в *мг* Р/100 *г* ядер) и удельная активность H^3-тимидина (в DPM/*г* ядер) и (DPM/*мг* ДНК) в печени крыс в разных интервалах времени после облучения и частичной гепатэктомии

К — контроль; О — облученные; К$_р$ — необлученные, оперированные; О$_р$ — облученные, оперированные

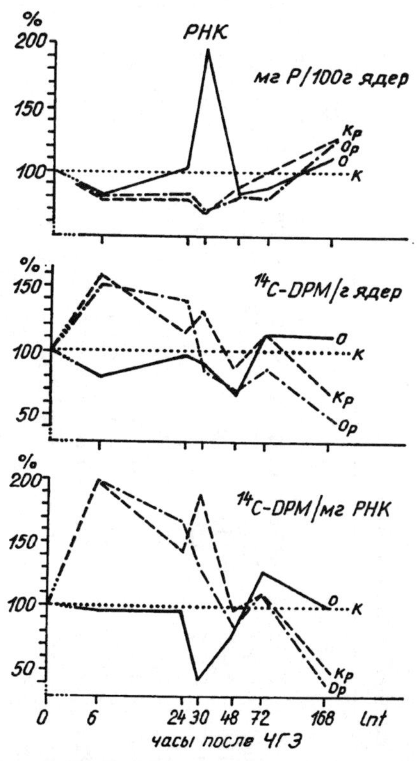

Рис. 2. Концентрация РНК (в *мг* Р/100 *г* ядер) и удельная активность C^{14}-оротовой кислоты (в DPM/*г* ядер) и (DPM/*мг* РНК) в печени крыс в разных интервалах времени после облучения и частичной гепатэктомии

К — контроль; О — облученные; К$_р$ — необлученные, оперированные; О$_р$ — облученные и оперированные

В регенерирующей печени контрольных животных концентрация РНК была до 30-ого часа понижена в сравнении с контролем на 20—30%, в дальнейший период возрастала и достигала уровень контрольных величин или превышала его. Включение метки в РНК повышалось уже на 6-ой час после частичной гепатэктомии почти в два раза и на повышенном уровне удерживалась до 24—30-ого часа. В последнем интервале включение в РНК понизилось под уровень интактного контроля (рис. 2).

В ренгенерирующей печени облученных животных был ход изменений подобный как у животных контрольной группы. В результате облучения были однако величины отдельных параметров до 30-ого часа незначительно — в большинстве случаев несигнификантно — ниже, чем контрольные величины.

Дискуссия

Из приведенных результатов вытекает, что общее облучение крыс однократной экспозицией 154,8 *мС/к* не вызывало распад ДНП в интактной печени неоперированных животных, так как уровень полидезоксирибонуклеотидов в соответствии с наблюдениями *Skalka* и сотр. [9] в течение обследуемого периода не изменялся.

Удельная активность полидезоксирибонуклеотидов (DPM/*мг* ДНК) при трехчасовом мечении ^{3}Н-тимидином ,,in vivo'' была в течение первого дня после облучения повышена. В то же время содержание ДНП в органе (*мг* ДНК/орган) было в рамках контрольных величин, а включение ^{3}Н-тимидина в ДНП (DPM/*мг* ДНК, DPM/орган) было понижено. На основании этого можно заключить, что временное повышение активности полидезоксирибонуклеотидов связано с нарушением синтеза ДНК. Известно, что синтез ДНК — прерывистый процесс, причем отдельные фрагменты дополнительно соединяются при помощи энзимов типа лигаз. Предполагаем, что в результате облучения происходит прерывание этого последнего ступня, а новосинтетизированные фрагменты (или хотя бы их часть) не влкюдаются в комплекс ДНП а остаются в растворенной фракции полидезоксирибонуклеотидов, в результате чего повышается их удельная активность.

Инкорпорация предшественников в ДНП в печени неоперированных животных была в течение первого дня после облучения выразительно понижена, максимально на 6-ой час (на 60%), что свидетельствует о выразительном торможении синтеза ДНК, наблюдаемым и другими авторами [2]. Так как одновременно не происходит понижение содержания ДНП, а репликационный синтез ДНК в интактной печени при нормальных обстоятельствах очень низкий, то можно сделать вывод, что наблюдаемая пониженная инкорпорация ^{3}Н-тимидина в ДНП является результатом угнетения репарационного синтеза ДНК.

Понижение содержания ДНП в ядрах печени морфологически неповрежденных клеток после облучения определил *Looney* [10] и объясняет его потерей части метаболической ДНК.

У оперированных животных в отличие от неоперированных мы наблюдали повышенный уровень полидезоксирибонуклеотидов на 6-ой час после частичной гепатэктомии. Интересно, что это изменение наблюдается и у необлученных животных и по нашему мнению связано скорее всего с перестройкой в хроматине печени во время возобновления регенерационного процесса, чем с его повреждением.

Удельная активность полидезоксирибонуклеотидов в регенерирующей пенчени обеих групп во время опыта была в рамках контрольных величин. Только в регенерирующей печени необлученных животных возрастала на 30-ый час после частичной генатэктомии. Возрастанию удельной активности полидезоксирибонуклеотидов в регенерирующей печени необлученных животных предшествовало: 1) понижение концентрации ДНП, связанное с увеличением объема печени, т. к. общее содержание ДНП в органе постепенно возрас тало; 2) возрастание включения ^{3}Н-тимидина в ДНП.

Удельная активность ДНП до 18-ого часа повышалась более, чем в два раза, а на 24-ый час достигала в соответствии с литературными данными *Weinbrena* и сотр., *Alberta* и *Buchera* [11, 12] максимума. На 30-ый час, когда кульминирует митотическая активность, включение в ДНП относительно понизилось, но в сравнении с интактным контролем оставалось в несколько раз выше вплоть до конца опыта. До этого времени, т. е. до 72-ого часа после операции, в регенерирующем остатке возобновилось предоперационное содержание ДНП.

Вследствие облучения процесс регенерации существенно замедлился. Синтез ДНК до 30-ого часа после операции почти полностью угнетался, что соответствует данным *Catera* и сотр. и *Buchera* [1, 13] о нарушении первой волны синтеза. Выразительная активация наступала позже, так как на 72-ой час было включение ^{3}Н-тимидина даже выше, чем у соответствующего контроля. В результате угнетения синтеза ДНК содержание ДНП в регенерирующей печени облученных животных возрастало вплоть до 48-ого часа, а на 72-ой час было по сравнению с необлученными животными еще на 40% ниже.

При сравнении изменений обеих нуклеиновых кислот ясно, что во всех опытных группах были изменения ДНК на много выразительнее, чем изменения РНК. Во всех группах концентрация ДНК в ядрах понизилась в основном на 30-ый час после операции. В регенерирующей печени необлученных и облученных животных понижение сопровождалось и понижением концентрации РНК, в то время как в целой печени облученных животных концентрация РНК в это время выразительно повысилась. Это наблюдение вместе с полученным различием в инкорпорации предшественников в нуклеиновые кислоты свидетельствует о том, что механизм изменений в интактной и регенерирующей печени после облучения не одинаковый.

После самого облучения понижение концентрации в ядрах вызвано в основном одновременным увеличением количества РНК, т. е. изменением относительного количества обеих нуклеиновых кислот. Понижению концентрации ДНК способствует и наблюдаемое понижение включения ^{3}Н-тимидина, которое хотя бы частично отражает угнетение репликационного синтеза ДНК. Интересным было наблюдение повышения концентрации РНК у облученных животных на 30-ый час после экспозиции, т. к. ему не предшествует повышенный синтез. Предполагаем, что причиной является торможение распада ядерной РНК или замедленный переход РНК из ядра в цитоплазму.

В регенерирующей печени необлученных животных произошло понижение концентрации обеих нуклеиновых кислот до 30-ого часа вопреки предшествующей выразительной активации их синтеза. Понижение концентрации нуклеиновых кислот около 24-ого часа связано с увеличением размеров и массы ядер вследствие повышенного количества ненуклеиновых составных частей (например: гистонов, энзимов, принимающих участие в синтезе нуклеиновых кислот.

Облучение не имело выразительный модифициру ющий эффект на метаболизм РНК в регенерирующей печени. Изменения были в сравнении с регенерирущим контролем несигнификантными. Тормозящее влияние излучения на внутриядерный синтез РНК в регенерирующей печени является невыразительным, наблюдаемым с 30-ого часа после операции. Определенный сильный тормозящий эффект излучения на включение ³H-тимидина в ДНК в ядрах регенерирующей печени — свидетельствующий о торможении первой волны синтеза — соответствует литературным данным [1].

Поступила в редакцию 10/IX, 1980

Литература

[1] *D. B. Cater, B. E. Holmes, L. K. Mee*, Acta Radiologica **46** (1956) 655

[2] *H. S. Lehnert, S. Okada*, Int. J. Rad. Biology **6** (1965) 601

[3] *J. Leberman, P. Kann*, J. Biological Chemistry **240** (1965) 1737

[4] *G. M. Higgins, R. M. Anderson*, Arch. Path. **12** (1931) 186

[5] *J. R. Ruby, L. E. Scheving, S. B. Gray, K. White*, Exp. Cell Research **76** (1973) 136

[6] *Р. Г. Цанев, Г. Г. Марков*, Биохимия **5** (1960) 151

[7] *L. J. Cole, M. E. Ellis*, Rad. Research **7** (1957) 508

[8] *D. E. Duncan*, Biometrics **11** (1959) 1

[9] *M. Skalka, J. Matyášová, V. Chlumecká*, Folia biologica **11** (1965) 378

[10] *V. B. Looney*, Nature **205** (1965) 1344

[11] *K. Weinbren*, Gastroenterology **37** (1959) 657

[12] *M. D. Albert, N. L. R. Bucher*, Cancer Research **20** (1960) 1514

[13] *N. N. R. Bucher*, Int. review of cytology **16** (1965) 246

Untersuchungen zur Ermittlung der Tiefenverteilung der primären Ionisationen in dicken Zwei-Element-Targets bei Beschuß mit Elektronen aus dem Energiebereich unterhalb 30 keV. Teil 1

M. Gaber[1]), *P. Jugelt*[2])

(Technische Universität Dresden, Sektion Physik, Wissenschaftsbereich Angewandte Kernphysik)[2])

Es werden methodische Untersuchungen zur Entwicklung eines Monte-Carlo-Programmes zur Berechnung der Tiefenverteilung der primären Ionisationen auf der Grundlage der Vielfachstreutheorie von Molière beschrieben. Anhand ausgewählter Zwei-Element-Targets wird die Leistungsfähigkeit von drei Varianten eines entsprechenden Elektronentransportmodells untersucht. Unter Benutzung der entwickelten Elektronentransportmodelle werden für die Elektronenstrahlmikroanalyse interessierende Größen, wie Rückstreukoeffizient, Rückstreufaktor und Absorptionskorrektion, berechnet.

Keywords

backscattering; depth; electrons; ionization; irradiation; Monte Carlo method; multiple scattering; targets

1. Einleitung

Die energiedispersive Röntgenspektrometrie besitzt in Verbindung mit Elektronenstrahlmikroanalysatoren entscheidende Bedeutung für die Analyse der elementaren Zusammensetzung von Mikrobereichen. Der Vorteil energiedispersiver Spektrometer, das gesamte von der Probe emittierte Röntgenspektrum simultan zu erfassen, wird allerdings nur dann voll ausgenutzt, wenn es gelingt, die Menge der dabei anfallenden Informationen rasch auszuwerten. Dazu gehört u. a. die Entwicklung von standardfreien ZAF-Korrektionsverfahren. Dies erfordert, ebenso wie die Optimierung der Anregungs- und Meßbedingungen und die Vorausberechnung der erreichbaren Konzentrationsgrenzen, Aussagen über die Tiefenverteilung der Ionisationen.

Die Tiefenverteilung der primären Ionisationen in Ein-Element-Targets wurde bereits experimentell und theoretisch eingehend untersucht. Dagegen sind die vorliegenden Aussagen über die Tiefenverteilung der Ionisationen in Mehr-Element-Targets nur unzureichend. Aufgrund der Kompliziertheit der Probenpräparation existieren für Mehr-Element-Targets bisher keine experimentellen Untersuchungen. Der Übergang zu Größen, die Mehr-Element-Systeme beschreiben, wird vorwiegend über empirische Beziehungen aus charakteristischen Größen der Ein-Element-Targets vollzogen.

In Erweiterung des von den Autoren in [1] beschriebenen Modells des Elektronentransports in Ein-Element-Targets wurden Untersuchungen zur transporttheoretischen Ermittlung von Tiefenverteilungen der primären Ionisationen in Zwei-Element-Targets durchgeführt. Die Simulierung des Elektronentransportes stützt sich ebenso wie in [1] auf die Vielfachstreutheorie von *Molière*. Es werden drei Modelle des Elektronentransports in Mehrelementargets vorgestellt und deren Leistungsfähigkeit im Hinblick auf die Berechnung der Tiefenverteilung diskutiert. Die derart ermittelten Tiefenverteilungen bilden die Grundlage für die Berechnung von Größen der quantitativen Elektronenstrahlmikroanalyse (Rückstreukoeffizient, Rückstreufaktor, Absorptionskorrektion). Durch Vergleich derart berechneter Werte mit bereits veröffentlichten Ergebnissen sind zusätzlich Aussagen über die Eignung der entwickelten Elektronentransportmodelle möglich.

2. Beschreibung der zur Berechnung der Tiefenverteilung der primären Ionisationen in Mehr-Element-Systemen entwickelten Modelle

Der Übergang zur Behandlung von Mehr-Element-Systemen erfordert eine Erweiterung des für Ein-Element-Targets entwickelten Modells. Diese Erweiterung ist unter Beibehaltung des Vielfachstreu-Modells auf zwei Wegen möglich:

1. Entwicklung einer Winkelverteilung für die Vielfachstreuung in Mehr-Element-Systemen
2. Verknüpfung des für das Einzelstreumodell typischen Vorgehens der Auswahl des streuenden Atoms entsprechend der Konzentrationsverhältnisse mit dem Vielfachstreumodell.

[1]) Aspirant aus der ARÄ (Universität Alexandria)

[2]) Anschrift: 8027 Dresden, Mommsenstr. 13

Der Lösungsweg 1 ist Gegenstand einer gesonderten Betrachtung und soll deshalb hier nicht zur Diskussion gestellt werden. Zur Realisierung des Lösungsweges 2 wurden die drei nachstehenden Modelle entwickelt.

Modell I

Elektronen mit der Energie E_0 treffen auf die Oberfläche einer aus zwei Elementen mit den zugehörigen Konzentrationen c_1 und c_2 zusammengesetzten Probe. Sie dringen zunächst ohne Ablenkung bis in die Tiefe ϱz_0 vor (vgl. Abb. 1). In der Tiefe ϱz_0 findet der erste Vielfachstreuakt statt. (Streupunkt 1). Die Auswahl des streuenden Atoms erfolgt mittels gleichverteilter Zufallszahlen zz auf der Grundlage des totalen *Rutherford*-Querschnitts $\sigma_{\mathrm{R},1}$ bzw. $\sigma_{\mathrm{R},2}$ unter Berücksichtigung der Konzentration der beiden Elemente

$$S_1 = \frac{c_1 \cdot \sigma_{\mathrm{R},1}}{\sum\limits_{n=1}^{2} c \cdot \sigma_{\mathrm{R},n}} \qquad (1)$$

$$S_2 = 1 - S_1$$

$zz \leqq S_1 \Rightarrow$ Streuung am Element 1

$zz > S_1 \Rightarrow$ Streuung am Element 2

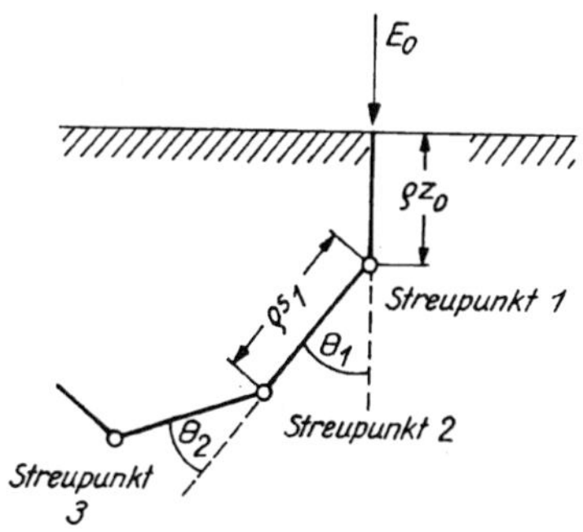

Abb. 1. Prinzip der Behandlung des Elektronentransportes

Zur Auswahl des Vielfachstreuwinkels θ wird die von *Moliere* angegebene Winkelverteilung mit der Ordnungszahl des nach (1) ausgespielten Elements benutzt. Die Berechnung der Schrittweite ϱs bis zum Ort des nächsten Vielfachstreuaktes erfolgt bei Vorgabe einer konstanten Stoßzahl ν nach der Beziehung (vgl. [1])

$$\varrho s_1 = a \cdot \nu \cdot E_1 \cdot \left(\sum_{n=1}^{2} \cdot c_n \cdot \frac{A_n}{Z_n^{4/3}} \right) \qquad (2)$$

Hierbei sind

$a = 0{,}357\ \mathrm{mg} \cdot \mathrm{cm}^{-2} \cdot \mathrm{keV}^{-1}$

n = Elementindex
A_n = Atomgewicht des n-ten Elements
Z_n = Ordnungszahl des n-ten Elements
E_l = kinetische Energie des Elektrons am l-ten Streupunkt
ν = Zahl der elastischen Stöße zwischen aufeinanderfolgenden Vielfachstreuakten.

Damit ist die Voraussetzung für die Berechnung des Energieverlustes zwischen den beiden Vielfachstreuakten auf der Grundlage der *Bethe*-Beziehung gegeben:

$$-\frac{\mathrm{d}E}{\mathrm{d}(\varrho s)} = \frac{K_1}{E} \cdot \sum_{n=1}^{2} c_n \cdot \frac{Z_n}{A_n} \cdot \ln\left(\frac{1{,}166 \cdot E}{J_n}\right) \qquad (3\mathrm{a})$$

Für Energien $E \leqq 6{,}338$ J kommt die Beziehung

$$-\frac{\mathrm{d}E}{\mathrm{d}(\varrho s)} = \frac{K_2}{\sqrt{E}} \cdot \sum_{n=1}^{2} c_n \cdot \frac{Z_n}{A_n} \cdot \frac{1}{\sqrt{J_n}} \qquad (3\mathrm{b})$$

zur Anwendung (siehe [1]).
Hierbei sind:

$K_1 = 78\,752{,}2 \cdot (\mathrm{keV})^2 \cdot \mathrm{g}^{-1} \cdot \mathrm{cm}^2$
$K_2 = 62\,400 \cdot (\mathrm{keV})^2 \cdot \mathrm{g}^{-1} \cdot \mathrm{cm}^2$
J_n = mittleres Ionisationspotential.

Die Berechnung der primär erzeugten Ionisationen längs der Wegstrecke $\Delta(\varrho s)$ erfolgt beim Modell I jeweils nur für eines der beiden Elemente. Die Auswahl des betreffenden Elements wird dabei mittels Zufallszahl unter Berücksichtigung des Konzentrationsverhältnisses vorgenommen.

Die Grundlage für die Berechnung der Anzahl der Ionisationen ΔI längs der Wegstrecke $\Delta(\varrho s)$ bilden die Beziehungen

$$I_{1,1} = \frac{N_{\mathrm{av}}}{A_1} \cdot Q_{\mathrm{nl},1}(E_l) \cdot \Delta(\varrho s_l)$$
$$I_{2,1} = \frac{N_{\mathrm{av}}}{A_2} \cdot Q_{\mathrm{nl},2}(E_l) \cdot \Delta(\varrho s_l) \qquad (4)$$

$Q_{\mathrm{nl},1}(E_l)$ und $Q_{\mathrm{nl},2}(E_l)$ beschreiben die Ionisationsquerschnitte des nl-Niveaus der Elemente 1 und 2 bei der Energie E_l. Der Berechnung der mittleren Wegstrecke ϱs_l liegt eine konstante Stoßzahl ($\nu \gtrapprox 20$) zugrunde. Jede Wegstrecke ϱs_l wird in k Intervalle unterteilt, und für jedes dieser Intervalle $\Delta(\varrho s_l) = \frac{\varrho s_l}{k}$ werden die Anzahl der primären Ionisationen ΔI und der Energieverlust ΔE berechnet.

Modell II

Analog zum Vorgehen bei Modell I wird im Modell II der Streuwinkel ermittelt.

Im Gegensatz zum Modell I erfolgt die Berechnung der Ionisationen längs jedes Teilintervalls $\Delta(\varrho s_l)$ für beide Elemente anteilig nach folgender Beziehung:

$$I_{1,1} = \frac{N_{\mathrm{av}}}{A_1} \cdot Q_{\mathrm{nl},1}(E_l) \cdot c_1 \cdot \Delta(\varrho s_l)$$

und (5)

$$I_{2,1} = \frac{N_{\mathrm{av}}}{A_2} \cdot Q_{\mathrm{nl},2}(E_l) \cdot c_2 \cdot \Delta(\varrho s_l)$$

Modell III

Das Modell III wurde für den Sonderfall entwickelt, daß die Konzentration e i n e s Elements maßgeblich überwiegt. Unter dieser Voraussetzung wird der Elektronentransport entscheidend durch das Hauptelement bestimmt.

In Vereinfachung zu den vorangehend beschriebenen Modellen erfolgt deshalb beim Modell III die Berechnung des Streuwinkels θ und der Weglänge zwischen zwei Vielfachstreuakten ausschließlich für das Element mit der hohen Konzentration. Dagegen werden die Ionisationen längs der Wegstrecke anteilig für beide Elemente anlog zu Modell II berechnet.

Tab. 1 enthält eine Gegenüberstellung der Charakteristika der beschriebenen Modelle.

Bei allen drei Modellen wird der Weg eines Elektrons abgebrochen, wenn dessen Energie eine vorgegebene Schwelle

$$E_s = 1{,}5 \sum_{n=1}^{2} c_n \cdot J_n \qquad (6)$$

Tab. 1 (Bitte beachten: Statt Steuerung am Atom ... lies: Streuung am Atom ...)

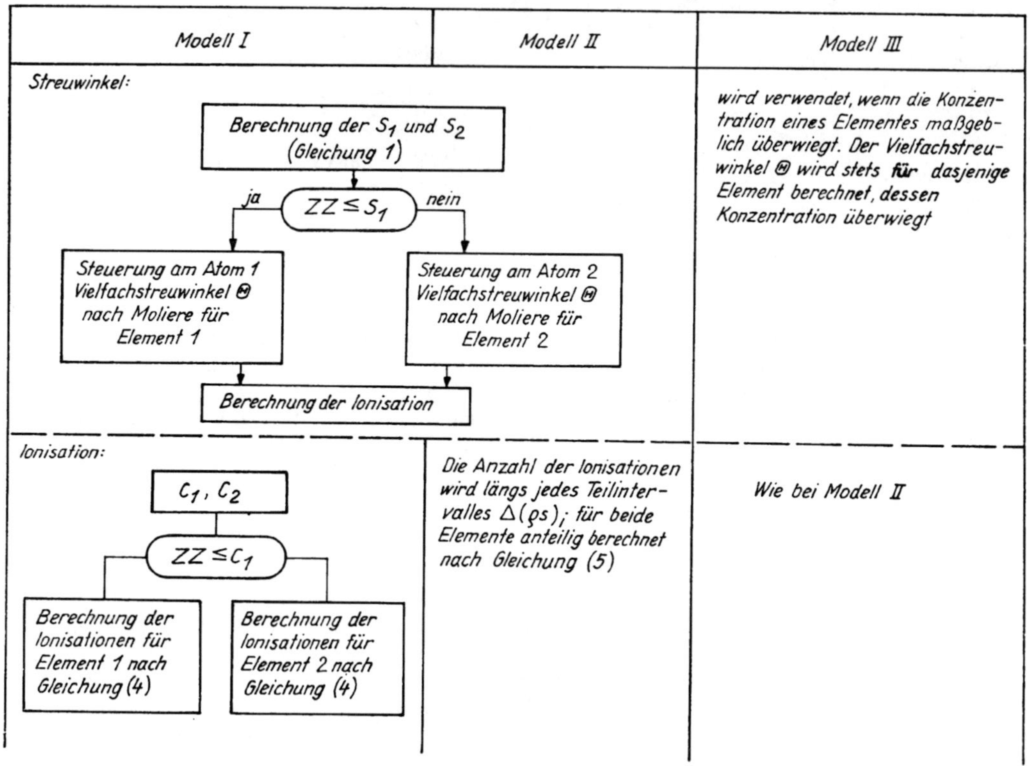

unterschritten hat oder wenn das Elektron die Probe durch Rückstreuung in den oberen Halbraum verläßt. Wird die vorgegebene Anzahl N_0 der durchzuspielenden Elektronen erreicht, erfolgt der Abbruch des Programmes.

3. Ergebnisse und Diskussionen

Die Leistungsfähigkeit der beschriebenen Modelle soll an Tiefenverteilungsfunktionen der primären Ionisationen in ausgewählten Zwei-Element-Systemen demonstriert werden. Da experimentell ermittelte Tiefenverteilungsfunktionen für Zwei-Element-Systeme fehlen, werden zusätzlich Aussagen über die Leistungsfähigkeit der entwickelten Modelle durch Vergleich mit experimentell leichter zugänglichen Größen gewonnen. Dazu wurden der Rückstreukoeffizient, der Rückstreufaktor und der Absorptionskoeffizient herangezogen. Die Berechnungen erfolgten bei der Stoßzahl $\nu = 25$. Es wurde senkrechter Elektroneneinfall betrachtet. Die Zahl der durchgespielten Histories betrug jeweils 1000.

3.1. *Tiefenverteilung der primären Ionisationen*

Abb. 2 zeigt die Tiefenverteilung der primären K-Ionisationen für Cu im System Cu—Au mit unterschiedlichen Konzentrationsverhältnissen nach Modell II. Außerdem sind die berechneten Werte für das Ein-Element-Target Cu eingetragen. Die Ergebnisse zeigen, daß mit zunehmender Cu-Konzentration

- die Tiefenverteilungsfunktionen verbreitert werden,
- eine Verschiebung der Maxima der Tiefenverteilungsfunktionen nach größeren Tiefen auftritt,
- der Wert Φ_0 (Oberflächenionisation) abnimmt.

Die ersten beiden Feststellungen können mit dem Energieverlust erklärt werden. Mit wachsender Konzentration des Elements Gold (d. h. sinkender Cu-Konzentration) wird die mittlere Ordnungszahl des Cu—Au-Systems größer. Der spezifische Energieverlust der Elektronen wächst mit Ab-

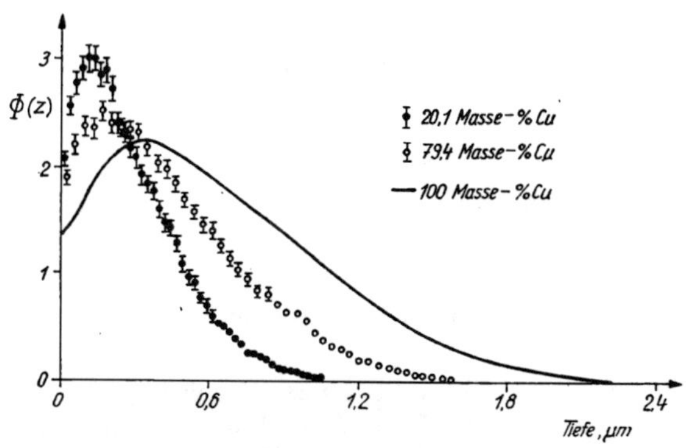

Abb. 2. Tiefenverteilungsfunktionen der primären Cu-K-Ionisationen im Zwei-Element-System Cu-Au (E_0 = 30 keV, senkrechter Einfall) berechnet nach Modell II für ausgewählte Konzentrationsverhältnisse

nahme der Cu-Konzentration, wodurch die Ionisationen in oberflächennahe Schichten verlagert werden. Die dritte Feststellung hat ihre Ursache in der Rückstreuung der Elektronen. Nimmt die Konzentration des Elements Kupfer ab, so steigt die mittlere Ordnungszahl des Zwei-Element-Systems Au—Cu an. Demzufolge nimmt der Rückstreukoeffizient η mit wachsendem Au-Anteil zu (siehe auch Tab. 2). Ein größerer Teil der Elektronen wird in oberflächennahe Schichten gestreut und führt dort zu zusätzlichen Ionisationen. Aus diesem Grund wächst die Oberflächenionisation Φ_0 sowohl für Cu als auch für Au mit abnehmender Cu-Konzentration.

Am Beispiel ausgewählter Konzentrationsverhältnisse ermöglicht Abb. 3 einen Vergleich der Leistungsfähigkeit der Modelle I und II. Es sind die mit diesen Modellen berechneten Tiefenverteilungsfunktionen der primären K-Ionisationen von Cu und der primären L_{III}-Ionisationen für Au aufgetragen. Die dargestellten Kurven wurden durch Approximation der mittels Modell II erhaltenen

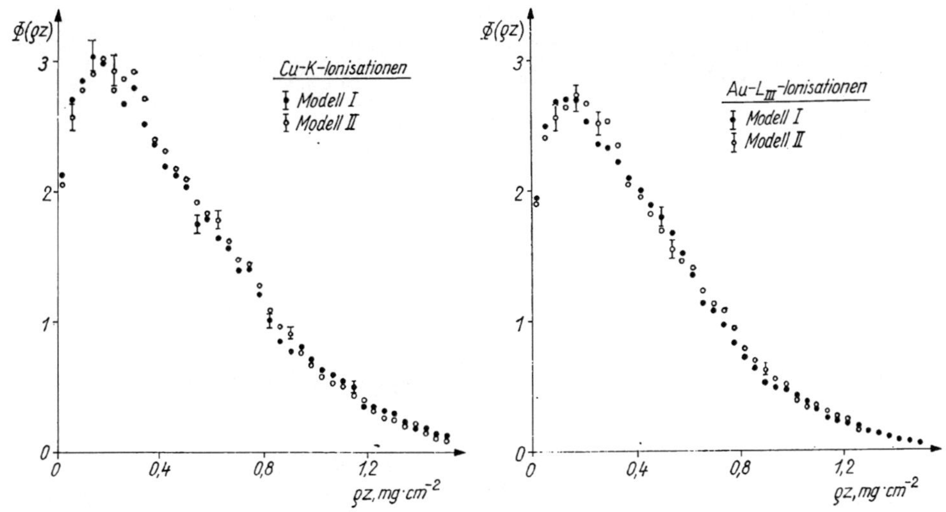

Abb. 3a. Gegenüberstellung der mit den Modellen I und II berechneten Tiefenverteilung der primären Cu–K- und Au–L_{III}-Ionisationen im System Cu–Au (c_{Cu} = 20,1 Masse-%, c_{Au} = 79,9 Masse-%)

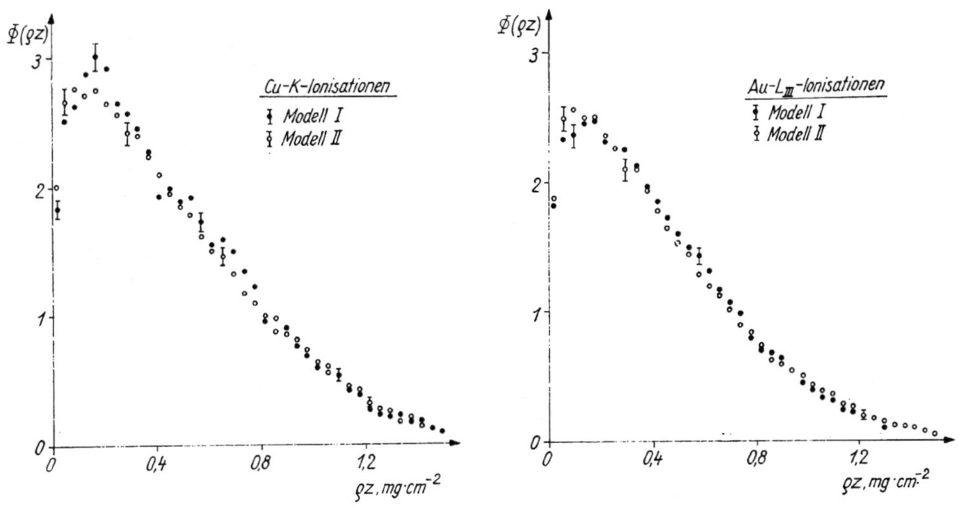

Abb. 3b. Gegenüberstellung der mit den Modellen I und II berechneten Tiefenverteilung der primären Cu–K- und Au–L_{III}-Ionisationen im System Cu–Au (c_{Cu} = 39,9 Masse-%, c_{Au} = 40,1 Masse-%)

Tab. 2. Rückstreukoeffizient η für das System Cu–Au bei ausgewählten Konzentrationsverhältnissen (E^0 = 30 keV)

c_{Au} Masse-%	c_{Cu} Masse-%	η
98,0	2,0	0,525
79,9	20,1	0,498
60,1	39,9	0,467
40,2	59,8	0,442
20,6	79,4	0,401

Werte gewonnen. An die nach Modell I berechneten Werte ist jeweils der statistische Fehler angetragen. Die Ergebnisse zeigen eine gute Übereinstimmung der nach beiden Modellen berechneten Tiefenverteilungsfunktionen im Bereich des Cu–Au-Konzentrationsverhältnisses 1:4 bis 4:1.

Für die Berechnung der Tiefenverteilungsfunktion im Bereich extremer Konzentrationsverhältnisse erlangt das Modell III Bedeutung. Abb. 4 zeigt die Tiefenverteilungsfunktionen der primären Cu-K-Ionisationen und der primären Au–L_{III}-Ionisationen in einem System mit 98 Masse-% Au und 2 Masse-% Cu. Die Berechnungen erfolgten sowohl nach Modell III als auch nach Modell II.

Systematische Untersuchungen zur Anwendbarkeit des Modells III erfolgten am System Al–Cu. Als Kriterium wurde der nachstehend definierte Δ-Wert benutzt:

$$\Delta = \sqrt{\frac{\sum_i [(\Phi^i_{II} - \Phi^i_{III})\, e^{\chi\cdot(\varrho z)_i}]^2}{\sum_i (\Phi^i_{II}\, e^{-\chi\cdot(\varrho z)_i})^2}} \qquad (7)$$

mit

$$\chi = (\mu/\varrho)\cdot \operatorname{cosec}\psi$$

ψ – Abnahmewinkel der Röntgenstrahlung gegen Probeoberfläche

$\Phi_{II}(\varrho z)$ – Tiefenverteilungsfunktion nach Modell II

$\Phi_{III}(\varrho z)$ – Tiefenverteilungsfunktion nach Modell III.

Bei der Aufstellung dieses Kriteriums fand der für die Messung der charakteristischen Röntgenstrahlung am Detektorort entscheidende Absorptionsfaktor $e^{-\chi\cdot(\varrho z)_i}$ Berücksichtigung. Dadurch gehen in die Einschätzung der Ab-

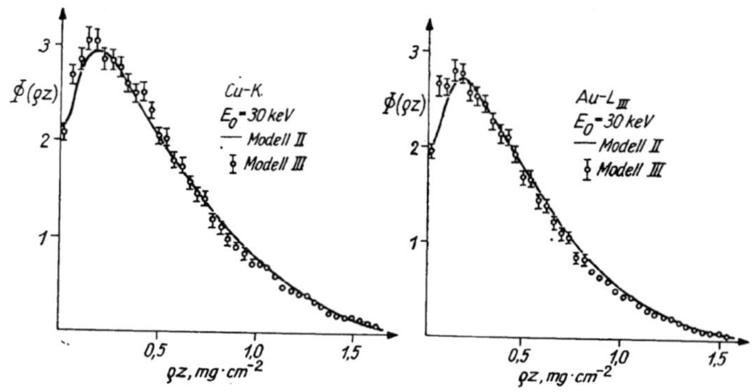

Abb. 4. Vergleich der mit den Modellen II und III berechneten Tiefenverteilungen der primär erzeugten Cu−K- und Au−L_{III}-Ionisationen im Zwei-Element-System Cu−Au (c_{Cu} = 2 Masse %, c_{Au} = 98 Masse-%)

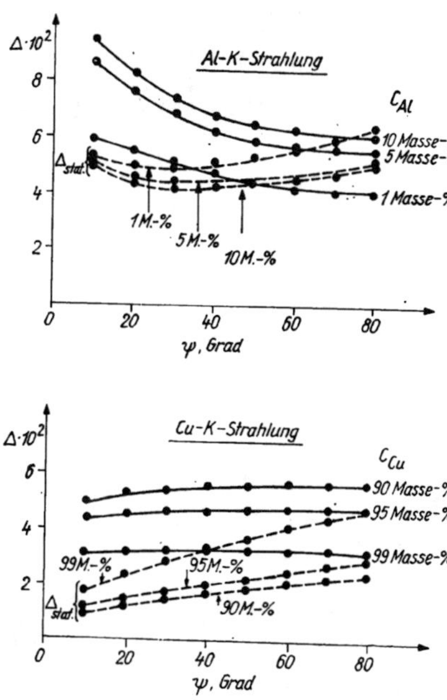

Abb. 5. Δ-Wert in Abhängigkeit vom Abnahmewinkel ψ für ausgewählte Al-Cu-Systeme

weichung der beiden Modelle neben dem Konzentrationsverhältnis auch die Energie der zu messenden charakteristischen Röntgenstrahlung und der Abnahmewinkel ein.

Abb. 5 zeigt den Δ-Wert für Al−Cu-Systeme ausgewählter Konzentrationsverhältnisse in Abhängigkeit vom Abnahmewinkel ψ. Die Berechnung der Tiefenverteilungsfunktionen erfolgte dabei für Primärelektronen mit E_0 = 30 keV bei senkrechtem Einfall.

Im Falle der Al−K_α-Strahlung ist die Abweichung Δ merklich vom Abnahmewinkel ψ abhängig, während dies bei der Cu−K_α-Strahlung nicht beobachtet wird. Die Ursache dafür ist in dem relativ großen Massenschwächungskoeffizienten für Al−K_α-Strahlung zu suchen:

μ/ϱ cm²/g	Al−K_α-Strahlung	Cu$_\alpha^-$−K-Strahlung
in Al	385,7	49,6
in Cu	5376,8	53,7

Auffallend ist jedoch, daß sich trotz der relativ geringen Unterschiede des Massenschwächungskoeffizienten für die Cu−K_α-Strahlung in Al und Cu ein erheblicher Einfluß des Konzentrationsverhältnisses auf den Δ-Wert zeigt. Dieser Einfluß ist mit dem bei der Al−K_α-Strahlung vergleichbar. Er kann nur mit systematischen Abweichungen zwischen den nach den Modellen II und III berechneten Tiefenverteilungsfunktionen erklärt werden.

Der Einsatz des Modells III ist unter diesen Umständen dann gerechtfertigt, wenn die systematischen Abweichungen zum Modell II unterhalb der durch die Statistik verursachten Abweichungen liegen. Zur Entscheidungsfindung wurde deshalb in Abb. 5 zusätzlich noch der nachfolgend definierte Wert $\Delta_{stat.}$ eingetragen, der beim Vergleich zweier mittels *Monte-Carlo*-Methode berechneter Tiefenverteilungsfunktionen allein durch den statistischen Fehler $(\Delta\Phi)_{stat.}$ der einzelnen Funktionswerte entsteht. Der zum Δ-Wert gehörende statistische Fehler berechnet sich zu:

$$\Delta_{stat.} =$$

$$\sqrt{\frac{\sum_i (x_i - y_i)^2 (\Delta x_i^2 + \Delta y_i^2)}{\sum_i x_i^2 \cdot \sum_i (x_i - y_i)^2} + \frac{\sum_i (x_i - y_i)^2 \cdot \sum_i (x_i \cdot \Delta x_i)^2}{\left(\sum_i x_i^2\right)^3}} \tag{8}$$

$$x_i = \Phi^i_{II} \cdot \exp\left[-\chi \cdot (\varrho z)_i\right]$$

$$\Delta x_i = \Delta\Phi^i_{II} \cdot \exp\left[-\chi \cdot (\varrho z)_i\right]$$

$$y_i = \Phi^i_{III} \cdot \exp\left[-\chi \cdot (\varrho z)_i\right] \quad \Delta y_i = \Delta\Phi^i_{III} \cdot \exp\left[-\chi \cdot (\varrho z)_i\right]$$

Hierbei kennzeichnet $\Delta\Phi$ den statistischen Fehler des i-ten Funktionswertes einer gegebenen Tiefenverteilungsfunktion. Wie Abb. 5 zeigt, ist der Einsatz des Modells III tatsächlich auf extreme Konzentrationsverhältnisse beschränkt. So überwiegt der systematische Fehler bereits bei einem Al−Cu-System mit 5 Masse-% Al im gesamten interessierenden Bereich des Abnahmewinkels ψ. Bei einer Al-Konzentration von 1 Masse-% ist das Modell III bei Abnahmewinkeln $\psi \geqq 33°$ für die Al−K-Strahlung und bei Abnahmewinkeln $\psi \geqq 40°$ für die Cu−K-Strahlung brauchbar. Bei weiterer Verringerung des Masseanteils von Aluminium kann das Modell III auch bei niedrigeren Abnahmewinkeln eingesetzt werden. Die getroffenen Aussagen beziehen sich jedoch nur auf den Fall, daß — wie hier durchgeführt — maximal 1000 Histories bei der Berechnung der Tiefenverteilungsfunktionen durchgespielt werden. Bei Erhöhung der Zahl der Histories (Verringerung des statistischen Fehlers) treten die durch das Modell III bedingten systematischen Abweichungen bereits bei geringeren Konzentrationen des Spurenelements hervor.

3.2. *Rückstreukoeffizient*

In die Untersuchung zur Leistungsfähigkeit der entwickelten Elektronentransportmodelle wurde der Rückstreukoeffizient einbezogen. Hier bieten sich vor allem Möglichkeiten des Vergleichs mit experimentellen Werten. Abb. 6 zeigt für das System Cu—Au die Abhängigkeit des Rückstreukoeffizienten vom Konzentrationsverhältnis. Die Berechnungen erfolgten mit dem Modell II. Die experimentellen Werte entstammen der Arbeit von *Bishop* [2]. Unter Berücksichtigung des statistischen Fehlers[3]) ergibt sich eine gute Übereinstimmung. Mit dem Modell I werden vergleichbare Ergebnisse erreicht, da sich die Modelle I und II in der Behandlung des Elektronentransports nicht unterscheiden.

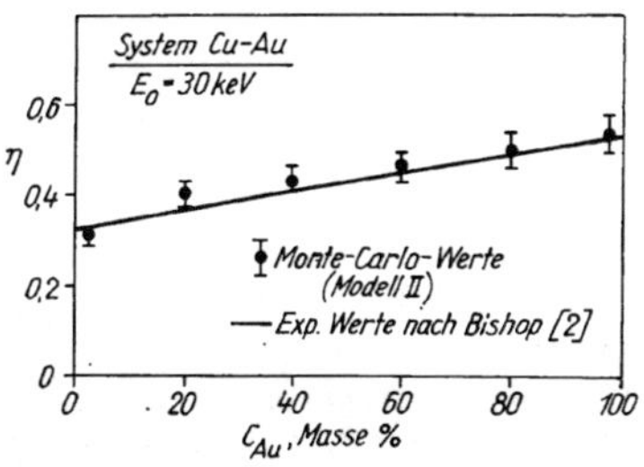

Abb. 6. Abhängigkeit des Rückstreukoeffizienten η von der Au-Konzentration im System Cu—Au

3.3. *Rückstreufaktor*

Der Rückstreufaktor R ist definiert als das Verhältnis zwischen der Anzahl der tatsächlich stattfindenden Ionisationen $I(\eta)$ und der Anzahl der primären Ionisationen $I(o)$, die sich ereignen würden, wenn alle eingeschossenen Elektronen in der Probe vollständig abgebremst werden, d. h. keine Rückstreuung stattfindet. Es gilt:

$$R = I(\eta)/I(o) \tag{9}$$

Ausgehend von dieser Definition besteht zwischen dem Rückstreufaktor R und der Energieverteilung der rückgestreuten Elektronen $(\mathrm{d}\eta/\mathrm{d}W)$ der folgende Zusammenhang:

$$R = 1 - \frac{\int\limits_{E_{nl}}^{E_0} \int\limits_{W}^{1} \left(\frac{\mathrm{d}\eta}{\mathrm{d}W}\right) \cdot \mathrm{d}W \cdot \frac{Q(E)}{(\mathrm{d}E/\mathrm{d}(\varrho s))} \cdot \mathrm{d}E}{\int\limits_{E_{nl}}^{E_0} \frac{Q(E)}{(\mathrm{d}E/\mathrm{d}(\varrho s))} \cdot \mathrm{d}E} \tag{10}$$

Unter Benutzung experimentell ermittelter Energieverteilungen der rückgestreuten Elektronen von *Bishop* [2] bestimmten z. B. *Duncumb* und *Reed* [3] den Faktor R durch Auswertung von (10). *Love* [4] leitete auf der Grundlage von *Monte-Carlo*-Rechnungen unter Verwendung des Einzelstreumodells einen funktionalen Zusammenhang zwischen Rückstreufaktor R und Rückstreukoeffizient η her.

Im Rahmen der vorliegendenUntersuchungen ergibt sich der Rückstreufaktor zwanglos bei der Berechnung der Tiefenverteilung der primären Ionisationen nach folgender Beziehung:

$$R = \frac{I(\eta)}{I(o)} = \frac{\sum\limits_i n_i(\varrho z)}{N_0 \cdot \frac{N_{av}}{A} \cdot \sum\limits_j Q_{nl}(E_j) \cdot \Delta(\varrho s)_j} \tag{11}$$

Hierbei kennzeichnet der Summationsindex i im Zähler die einzelnen Tiefenschichten, während der Summations-Index j die einzelnen Wegstrecken eines hypothetischen Elektrons beschreibt, das in der Probe vollständig abgebremst wird. Der Übergang zur Summation im Nenner ist gerechtfertigt, wenn die Wegelemente $\Delta(\varrho s)_j$ hinreichend klein gewählt werden.

Tab. 3 enthält die nach der Beziehung (11) berechneten R-Werte bezogen auf Au—L_{III}-, Cu—K-, Fe—K- und Si—K-Ionisationen in den Systemen Cu—Au und Si—Fe bei ausgewählten Konzentrationsverhältnissen. Die Berechnungen erfolgten mit Modellen I und II. Zum Vergleich sind die von *Duncumb* und *Reed* bzw. *Love* ermittelten Werte gegenübergestellt. Es zeigt sich eine relativ gute Übereinstimmung.

3.4. *Berechnung des Absorptionsfaktors $f(\chi)$*

Bevor die im Target primär erzeugte Röntgenstrahlung aus der Probenoberfläche austritt und zum Detektor gelangt, muß sie einen definierten Weg zurücklegen und wird dabei hauptsächlich durch photoelektrische Absorption in der Probe geschwächt. Der Betrag der Intensitätsminderung hängt dabei von dem in der Probe zurückgelegten Weg und vom Massenschwächungskoeffizienten für die betreffende Strahlung ab. Zur Beschreibung dieses Intensitätsverlustes wird in der quantitativen Elektronenstrahlmikroanalyse der Absorptionsfaktor $f(\chi)$ benutzt, für dessen Berechnung die Tiefenverteilung der primär erzeugten Ionisationen erforderlich ist. Der Absorptionsfaktor $f_n(\chi)$ für die Strahlung des n-ten Elements berechnet sich zu:

$$f_n(\chi) = \frac{\int\limits_0^\infty \Phi_n(\varrho z) \cdot \exp[-(\mu/\varrho)_n \cdot \operatorname{cosec} \psi \cdot \varrho z] \, \mathrm{d}(\varrho z)}{\int\limits_0^\infty \Phi_n(\varrho z) \cdot \mathrm{d}(\varrho z)} \tag{12}$$

Nach Übergang zur Summation ergibt sich der Absorptionsfaktor zwanglos aus der mittels *Monte-Carlo*-Methode berechneten Tiefenverteilung der primären Ionisationen

$$f_n(\chi) = \frac{\sum\limits_i \Phi_n^i \cdot \exp[-(\mu/\varrho)_n \cdot \operatorname{cosec} \psi \cdot (\varrho z)_i]}{\sum\limits_i \Phi_n^i} \tag{13}$$

Hierbei sind:

Φ_n^i — Wert der Tiefenverteilungsfunktion der primär erzeugten Röntgenstrahlung des n-ten Elements in der i-ten Schicht des betreffenden Zwei-Element-Targets

$(\mu/\varrho)_n$ — Massenschwächungskoeffizient für die Strahlung des n-ten Elements in der betreffenden Zwei-Element-Probe.

Abb. 7 zeigt den nach der Beziehung (13) berechneten Absorptionsfaktor für die Cu—K_α- und Au—L_α-Strahlung in Abhängigkeit vom Abnahmewinkel ψ für zwei ausgewählte Zusammensetzungen des Systems Cu—Au. Es zeigt sich, daß auch bei der Berechnung des Absorptionsfaktors die Modelle I und II zu vergleichbaren Ergebnissen führen. Weiterhin ist zu beobachten, daß der Absorptionsfaktor

[3]) Für die Berechnung eines η-Wertes wurden jeweils 1000 Histories herangezogen.

Tab. 3. Gegenüberstellung der auf der Grundlage der Modelle I und II berechneten Rückstreufaktoren und Vergleich mit den von *Duncumb* und *Reed* [3] sowie *Love* [4] angegebenen Werten

System	Analysierte Strahlung	c[4]) Masse-%	E_0 keV	Rückstreufaktor R nach Modell I	nach Modell II	nach [3]	nach [4]
Cu–Au	Cu-K_α	20,1	30	0,731	0,736	0,725	0,683
	Cu-K_α	39,9	30	0,773	0,749	0,757	0,701
	Au-L_α	79,9	30	0,758	0,770	0,751	0,730
	Au-L_α	60,1	30	0,790	0,781	0,781	0,747
Si–Fe	Si-K_α	3,22	15	—	0,844	0,841	0,821
	Si-K_α	8,6	15	—	0,837	0,845	0,823
	Fe-K_α	96,78	15	—	0,917	0,903	0,910
	Fe-K_α	91,4	15	—	0,916	0,906	0,912

[4]) Konzentration des zu analysierenden Elements

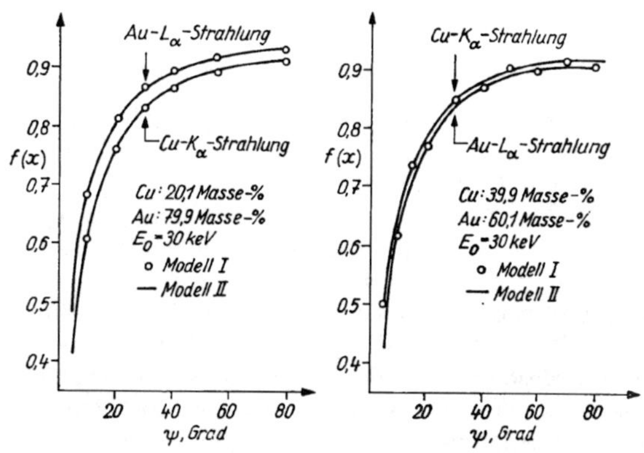

Abb. 7. Absorptionsfaktor $f(\chi)$ für Cu–K_α- und Au–L_α-Strahlung in dicken Cu–Au-Proben ausgewählter Konzentrationen als Funktion des Abnahmewinkels

$f(\chi)$ für die Au–L_α-Strahlung mit zunehmender Cu-Konzentration merklich abnimmt, während derjenige für die Cu–K_α-Strahlung nahezu unverändert bleibt. Dies hat zwei Ursachen:

1. In Tab. 4 sind die betreffenden Massenschwächungskoeffizienten eingetragen. Es zeigt sich, daß der Massenschwächungskoeffizient für die Au–L_α-Strahlung mit zunehmender Cu-Konzentration anwächst, während derjenige für die Cu–K_α-Strahlung abnimmt.
2. Die Tiefenverteilung der primären Ionisationen verschiebt sich für beide Fälle (Cu und Au) mit zunehmender Cu-Konzentration nach größeren Tiefen (vgl. Abb. 2).

Tab. 4. Massenschwächungskoeffizient (μ/ϱ) für Cu–K_{α_1}- und Au–L_{α_1}-Strahlung in Cu–Au-Systemen ausgewählter Konzentrationsverhältnisse[5])

Masseanteile Masse-% Cu	Au	μ/ϱ cm^2/g Cu–K_{α_1}-Strahlung ($h\nu$ = 8,047 keV)	Au–L_{α_1}-Strahlung ($h\nu$ = 9,711 keV)
0	100	208,6	127,5
20,1	79,9	177,5	151,2
39,9	60,1	146,8	174,6
100	0	53,7	245,5

[5]) Die Berechnung der Massenschwächungskoeffizienten stützt sich auf die von *Heinrich* [9] angegebenen Werte für Reinelemente.

Hieraus folgt, daß für die Au–L_α-Strahlung sowohl aufgrund des Massenschwächungskoeffizienten als auch durch die Veränderung der Tiefenverteilungsfunktion bedingt eine Herabsetzung des Absorptionsfaktors mit zunehmender Cu-Konzentration eintreten muß. Im Falle der Cu–K_α-Strahlung kompensieren sich offenbar die beiden Effekte im untersuchten Konzentrationsbereich, so daß hier keine merkliche Änderung des Absorptionsfaktors mit Veränderung des Konzentrationsverhältnisses beobachtet wird.

Tab. 5 ermöglicht einen Vergleich zwischen den Ergebnissen der *Monte-Carlo*-Rechnungen und den $f(\chi)$-Werten, die nach der von *Philibert* angegebenen Beziehung ermittelt wurden.

Unter der Annahme $\Phi_0 = 0$ hat *Philibert* [5] eine bisher in der quantitativen Elektronenstrahlmikroanalyse weitverbreitete Absorptionskorrektur entwickelt:

$$f(\chi) = \frac{1 + h}{(1 + \chi/\sigma)\,[1 + h(1 + \chi/\sigma)]} \tag{14}$$

Hierbei ist σ der von *Lenard* [6] angegebene Schwächungskoeffizient für Elektronen. Die Größe h paßte *Philibert* an experimentelle Ergebnisse von *Castaing* und *Descamps* [7] an und ermittelte für Ein-Element-Targets:

$$h = 1{,}2 \cdot \frac{A}{Z^2} \tag{15}$$

Zur Berechnung des Absorptionsfaktors $f(\chi)$ für Mehr-Element-Targets ist nach *Love* für die Konstante h folgender Ausdruck zu verwenden:

$$h = 1/\sum_n \frac{c_n}{h_n} \tag{16}$$

Es hat sich unterdessen als vorteilhaft erwiesen, für den Schwächungskoeffizienten σ die von *Heinrich* [8] angegebene Beziehung zu verwenden[6]):

$$\sigma = 4{,}5 \cdot 10^5 (E_0^{1,65} - E_c^{1,65}) \tag{17}$$

Die in Tab. 5 eingetragenen Werte für den Absorptionsfaktor nach *Philibert* wurden nach der Gleichung (14) berechnet, wobei für die Parameter h und σ die Beziehungen (15) bzw. (16) und (17) Verwendung fanden. Der Berechnung der Massenschwächungskoeffizienten lagen die Werte von *Heinrich* [9] zugrunde.

[6]) Hierbei sind für E_0 und E_c die Maßzahlen der in keV angegebenen zugehörigen Energien einzusetzen.

Tab. 5. Vergleich der auf der Grundlage des Modells II berechneten Absorptionsfaktoren $f(\chi)$ mit den nach der von *Philiber* angegebenen Beziehung berechneten Werten

System	Analysierte Strahlung	c[4]) Masse-%	E_0 keV	$f(\chi)$ Modell II 15°	Modell II 35°	Modell II 60°	Philibert 15°	Philibert 35°	Philibert 60°
Cu – Au	Cu-K_α	20,1	30	0,727 ± 0,008	0,861 ± 0,009	0,905 ± 0,010	0,725 (0,655)	0,855 (0,809)	0,899 (0,865)
	Cu-K_α	39,9	30	0,769 ± 0,008	0,884 ± 0,010	0,921 ± 0,010	0,759 (0,696)	0,876 (0,838)	0,914 (0,886)
	Au-$\bar{L}_\alpha$	79,9	30	0,775 ± 0,009	0,888 ± 0,010	0,924 ± 0,011	0,774 (0,709)	0,884 (0,845)	0,920 (0,892)
	Au-L_α	60,1	30	0,753 ± 0,009	0,875 ± 0,010	0,914 ± 0,011	0,746 (0,677)	0,868 (0,824)	0,908 (0,876)
Si – Fe	Si-K_α	3,22	15	0,266 ± 0,003	0,494 ± 0,006	0,612 ± 0,007	0,312 (0,285)	0,519 (0,486)	0,625 (0,592)
	Si-K_α	8,6	15	0,286 ± 0,003	0,516 ± 0,006	0,631 ± 0,007	0,323 (0,299)	0,531 (0,502)	0,636 (0,607)
	Fe-K_α	96,78	15	0,963 ± 0,011	0,983 ± 0,012	0,989 + 0,012 ±	0,959 (0,951)	0,981 (0,978)	0,988 (0,985)
	Fe-K_α	91,4	15	0,962 ± 0,011	0,983 ± 0,012	0,989 ± 0,012	0,958 (0,950)	0,981 (0,977)	0,987 (0,984)

[4]) Konzentration des zu analysierenden Elements

Wie Tab. 5 zeigt, stimmen die mittels Modell II berechneten Absorptionsfaktoren innerhalb des statistischen Fehlers mit den nach der Beziehung von *Philibert* ermittelten überein. Eine Ausnahme bilden hierbei lediglich die Absorptionsfaktoren für die Si – K_α-Strahlung (System Si – Fe) bei Abnahmewinkeln $\psi = 15°$ und $35°$. Eine Ursache für diese Abweichungen könnte der bei der Auswertung der *Philibert*'schen Beziehung verwendete Parametersatz h und σ sein. Deshalb wurden die Berechnungen des Absorptionsfaktors nach der Beziehung (14) mit dem Parametersatz von *Love* u. a. [10] wiederholt:

$$h = 0{,}85 \cdot \frac{A}{Z^2} \tag{18}$$

und

$$\sigma = \frac{6{,}8 \cdot 10^5}{E_0^{1,86} - E_c^{1,86}} \tag{19}$$

Die derart berechneten Werte sind in Tab. 5 in Klammern angegeben. Bei Verwendung des von *Love* u. a. angegebenen Parametersatzes für h und σ zeigt sich generell eine beträchtliche Verringerung der Absorptionsfaktoren. Dadurch werden zwar die Abweichungen zu den mit Modell II berechneten Werten im Falle der Si – K_α-Strahlung für die Abnahmewinkel $\psi = 15°$ und $35°$ geringer. Gleichzeitig vergrößern sich jedoch die Abweichungen in allen anderen betrachteten Beispielen. Dies legt die Vermutung nahe, daß sowohl mit (15) und (17) als auch mit (18) und (19) noch kein für alle Anwendungsbereiche gleichermaßen optimaler Parametersatz vorliegt. Dabei ist auch zu berücksichtigen, daß die Bestimmung von h und σ im allgemeinen durch Anpassung der Beziehung (14) an experimentelle Werte erfolgte. Bedingt durch die relativ kleine Photonenausbeute und größere Absorption können jedoch gerade bei der Messung der charakteristischen Röntgenstrahlung von Elementen kleiner Ordnungszahlen unter kleinem Abnahmewinkel große Meßunsicherheiten auftreten.

4. Zusammenfassung

Die in der vorliegenden Arbeit vorgestellten Elektronentransportmodelle für dicke Zwei-Element-Targets basieren auf der Verknüpfung des für das Einzelstreumodell typischen Vorgehens – Auswahl des streuenden Atoms entsprechend der Konzentrationsverhältnisse – mit dem Vielfachstreumodell. Zwei der entwickelten Varianten unterscheiden sich in der Berechnung der Anzahl der Ionisationen zwischen den Vielfachstreuakten. Die dritte Variante beruht auf einer groben Näherung, indem beim Ausspielen des Vielfachstreuwinkels lediglich das Element mit der Maximalkonzentration berücksichtigt wird. Wie die Untersuchungen zeigen, führt selbst eine derartige Vereinfachung bei großen Konzentrationsunterschieden (> 99:1) noch zu brauchbaren Ergebnissen.

Die berechneten Tiefenverteilungen der primären Ionisationen in Zwei-Element-Systemen entsprechen den Erwartungen. So verschiebt sich z. B. die Tiefenverteilung der primär erzeugten Cu – K_α-Strahlung im System Cu – Au mit abnehmender Cu-Konzentration in Richtung der Probenoberfläche.

Ein unmittelbarer Vergleich der berechneten Tiefenverteilungen mit experimentellen Ergebnissen ist nicht möglich. Aufgrund der Kompliziertheit der Probenpräparation liegen bisher keine experimentell ermittelten Tiefenverteilungen der primären Ionisationen in Mehr-Element-Systemen vor. Die durchgeführten Untersuchungen sind damit ein weiteres Beispiel, bei dem die Vorzüge der *Monte-Carlo*-Methode voll zum Tragen kommen, da die entwickelten Elektronentransportmodelle Berechnungen der Tiefenverteilung der Ionisationen für beliebige Zusammensetzungen erlauben.

Die Richtigkeit der beschriebenen Elektronentransportmodelle wird einerseits durch die guten Ergebnisse bei der Berechnung von Tiefenverteilungen in Ein-Element-Targets gestützt. Andererseits werden im Falle von Zwei-Element-Targets Aussagen über die Eignung der Modelle durch

Berechnungen abgeleiteter Größen (Rückstreukoeffizient, Rückstreufaktor, Absorptionsfaktor) und Vergleich mit experimentellen Werten gewonnen.

Eine abschließende Einschätzung der Leistungsfähigkeit aller Modelle, einschließlich des nach Lösungsweg 1 entwickelten, erfolgt unter Bezugnahme auf weitere experimentelle Werte im Teil 2 der Veröffentlichung.

Für anregende Diskussionen und für die Unterstützung bei der Duchführung der Arbeit sind die Autoren Herrn Prof. Dr. sc. nat. *G. Musiol* und Herrn Dozent Dr. sc. techn. *K. Irmer* zu Dank verpflichtet.

Eingegangen am 17. 9. 1980

Literatur

[1] *M. Gaber, P. Jugell*, Isotopenpraxis **16** (1980) 185
[2] *H. E. Bishop*, X-Ray Optics and Microanalysis, eds. by, *R. Castaing, P. Descamps, J. Philibert* (*Herrmann*, Paris 1966) P. 153
[3] *P. Duncumb, S. J. Reed*, NBS Spec. Publ. 298 (1968) 113
[4] *G. Love, M. G. C. Cox, V. D. Scott*, J. phys. D: Appl. phys. **11** (1978) 7
[5] *J. Philibert* in „X-ray optics and Microanalysis", eds. *H. H. Patee, V. E. Cosslett, A. Enström*, Academic Press, New York 1963, S. 379–92
[6] *P. Lenard*, „Quantitatives über Kathodenstrahlen", *C. Winter*, Heidelberg 1918
[7] *R. Castaing, J. Descamps*, J. phys. Radium **16** (1955) 304
[8] *K. F. J. Heinrich*, Adv. x-ray analysis **11** (1968) 240
[9] *K. F. J. Heinrich*, „Tze electron microprobe" eds. *T. D. McKinley, K. F. J. Heinrich* and *D. B. Wittry* (1964) 296
[10] *G. Love, M. G. C. Cox, V. D. Scott*, J. phys. D: 8 (1975) 1686

Kurze Originalmitteilungen

Synthesen radioaktiv markierter Verbindungen. 47. Mitt.*) Darstellung von 2-(2,4-Dichlorphenoxy)-isobuttersäure-($^{14}CH_3$)

A. Kolbe, M. Becker, A. Unverricht, H. R. Schütte

(Institut für Biochemie der Pflanzen, Halle, des Forschungszentrums für Molekularbiologie und Medizin der Akademie der Wissenschaften der DDR)[1])

Keywords

carbon 14; labelled compounds; organic compounds; synthesis

Für pflanzenphysiologische Untersuchungen benötigten wir ^{14}C-markierte 2-(2,4-Dichlorphenoxy)-isobuttersäure. Die Darstellung ist einerseits durch Umsetzen von α-Brom- [2] bzw. α-Hydroxyisobuttersäure [3] mit 2,4-Dichlorphenolnatrium möglich, andererseits kann die gewünschte Verbindung auch durch Umsetzen von 2,4-Dichlorphenolnatrium mit Acetonchloroform [4, 5] oder Aceton und Chloroform [6] erhalten werden. Die letzte Möglichkeit ist besonders günstig, da die Radioaktivität in Form des leicht erhältlichen Aceton-1,3-^{14}C eingeführt werden kann.

Experimentelles

Einer Mischung von 1550 mg (9,47 mMol) 2,4-Dichlorphenol, der fünffachen molaren Menge an feingepulvertem Natriumhydroxid (etwa 1,9 g) und 480 mg (8,2 mMol) Aceton-1,3-^{14}C (spez. Radioaktivität 72 MBq/mMol) in 7 ml Dimethylsulfoxid werden unter Rühren und Feuchtigkeitsausschluß innerhalb von 5 h 950 µl Chloroform (12 mMol) langsam zugetropft. In Dimethylsulfoxid ist Natriumphenolat gut löslich. Chloroform und Aceton konnten nicht als Lösungsmittel verwendet werden, da das erste mit dem 2,4-Dichlorphenol zum 2,4-Dichlorphenolorthoformiat reagieren kann und Aceton die eingesetzte radioaktive Verbindung verdünnen würde. Nach 36stündigem Stehen bei Raumtemperatur werden 5 ml Wasser zugesetzt und die alkalische Lösung mit Chloroform ausgeschüttelt. Die wäßrige Phase wird angesäuert und erneut mit Chloroform extrahiert. Dieser Extrakt wird mit Natriumbicarbonat behandelt, die erhaltene wäßrige Phase angesäuert und mit Ether erschöpfend extrahiert. Da sich im ersten Chloroformextrakt, bedingt durch Dimethylsulfoxid, noch eine Menge 2-(2,4-Dichlorphenoxy)-isobuttersäure befindet, wird dieser ebenfalls wie beschrieben sauer und alkalisch aufgearbeitet. Die nach dem Eindampfen erhaltene Rohsäure wird über Kieselgel-HF_{254}-Platten mit dem Laufmittel Benzen:Ether:Eisessig (20:4:1) gereinigt. Nach Eluieren mit Ether und Abdampfen des Lösungsmittels erhält man die ölige Säure, aus der man mit der äquivalenten Menge wäßrigen Ammoniaks, anschließendem Eindampfen und Waschen mit Ehter das Ammoniumsalz der 2-(2,4-Dichlorphenoxy)-isobuttersäure-($^{14}CH_3$) bekommt. Durch Dünnschichtchromatographie mit anschließender Scannographie wurde die radiochemische Reinheit des Produktes nachgewiesen.

Ausbeute: 581 mg (26,4% bezogen auf Aceton-1,3-^{14}C)
F. 129–131 °C
spez. Radioaktivität 71 MBq/mMol.

Eingegangen am 7. 1. 1981

Literatur

[1] *A. Unverricht, S. Diabaté, H. R. Schütte*, Z. Chem. **20** (1980) 339
[2] *C. A. Bischoff*, Ber. dtsch. chem. Ges. **33** (1900) 933
[3] *G. Bargellini*, Gazz. chim. ital. **36** (1906) 334
[4] *M. Julia*, Bull. Soc. chim. France **1956**, 776
[5] *Ch. Weizmann, M. Sulzbacher, E. Bergmann*, J. Amer. chem. Soc. **70** (1948) 1153
[6] *P. Galimberti, A. Defranceschi*, Gazz. chim. ital. **77** (1947) 431

*) 46. Mitt. vgl. [1]
[1]) Anschrift: 4010 Halle (Saale)

Informationen

UdSSR. Nummer 12/1980 der Zeitschrift "Atomnaja energija" enthält u. a. folgende Beiträge:
60 Jahre GOELRO-Plan (*M. Petrosjanz*);
Stand und Probleme des Brennstoffzyklus in der Kernenergetik (*I. G. Morosow* u. a.);
Besitzt das Neutrino eine Ruhmasse? (Experiment zur Messung des Tritium-β-Spektrums (*W. A. Lubimow*);
Ökologische Probleme der Entwicklung der Kernenergetik (*B. Heržmansky*);
Ionenthermometer in der Reaktortechnik (*D. Jakeš* u. a.);
Praxis der Bituminierung flüssiger radioaktiver Rückstände mit einer diskontinuierlich arbeitenden Anlage (*M. F. Jakuschew* u. a.);
Ein mikrodosimetrisches Verfahren zur Ausfallanalyse in Systemen von Halbleitergeräten einheitlichen Typs bei Neutronenbestrahlung (*N. G. Goleminow* u. a.);
Über das Auflösungsvermögen der Gammakarottage (*B. P. Prittschin*);
Ein automatisiertes System zur komplexen Untersuchung von Strahlungs- und hydrophysikalischen Feldern des Ozeans (*W. N. Sojfer* u. a.);
Aus Instituten und Laboratorien:
Das supraleitende Torsatron „Kristall-2" (*E. I. Skibenko* u. a.).

IAEA. Im Dezember 1980 einigten sich 26 Experten aus 17 Ländern auf einer Tagung, die im Amtssitz der Internationalen Atomenergie-Agentur (IAEA) in Wien stattfand, über den endgültigen Text der revidierten Grundnormen für den Strahlenschutz. Die Revision dieser Normen wurde gemeinsam von der Weltgesundheitsorganisation (WHO), der IAEA, der Internationalen Arbeitsorganisation (ILO) und der Kernenergieagentur der OECD (OECD/NEA) unter Beteiligung der Internationalen Strahlenschutzkommission (ICRP), der Internationalen Vereinigung für Strahlenschutz (IRPA), des Wissenschaftlichen Ausschusses der Vereinten Nationen über die Wirkungen atomarer Strahlungen (UNSCEAR) und der Kommission der Europäischen Gemeinschaften (CEC) vorbereitet.

Die Grundnormen für den Strahlenschutz, die 1962 veröffentlicht und 1967 überarbeitet wurden, sind als Anleitung für die Mitgliedstaaten der beteiligten Organisationen gedacht. Der Text beruht weitgehend auf den Empfehlungen der Internationalen Strahlenschutzkommission (ICRP) und wurde so abgefaßt, daß er als Grundlage für Verordnungen zum Schutz der Arbeitenden und der Bevölkerung dienen kann.

Ein besonderes Merkmal der neuen, revidierten Grundnormen ist die Übernahme des Dosisbegrenzungssystems, das die ICRP in ihrem Bericht Nr. 26 (1977) veröffentlicht und in den letzten drei Jahren weiterentwickelt hat. Die zuständigen Behörden können die in den Grundnormen gegebenen allgemeinen Richtlinien durch zusätzliche, eingehendere Vorschriften ergänzen, die auf die unterschiedlichen wirtschaftlichen und sozialen Belange und Bedingungen in den einzelnen Mitgliedstaaten abgestimmt sind. Ein Anhang zu dem Material, der nicht in Form von Vorschriften formuliert ist, soll zusätzliche Informationen und Anleitungen vermitteln. Die Normen gelten für alle Strahlenquellen und Verfahren, bei denen es zu einer Strahlenexposition kommt, wenn sie nicht von der zuständigen Behörde ausdrücklich ausgenommen sind. Sie entsprechen ferner den Forderungen aller beteiligten Organisationen. Die von der Expertengruppe verabschiedeten Strahlenschutznormen werden 1981 dem Gouverneursrat der IAEA unterbreitet und, sobald sie genehmigt sind, veröffentlicht.

IAEA. In Nummer 1/1981 der 4mal jährlich erscheinenden IAEA-Publikation "Meetings on Atomic Energy — A quarterly world-wide list of conferences, exhibitions and training courses in atomic energy" werden u. a. folgende für 1982 geplante Veranstaltungen der IAEA genannt:

1. Konferenzen und Symposien
   International Symposium on Radioimmunoassay and related Procedures in Medicine (Wien, Österreich)
   International Symposium on Conditioning of Radioactive Waste for Storage and Disposal (Wien, Österreich)
   International Symposium on the Water Chemistry and Corrosion Problems of Nuclear Reactor Systems and Components (Wien, Österreich)
   FAO/IAEA International Symposium on Isotope Techniques in Comparative Studies of Food and Environmental Contamination (BRD)
   International Symposium on the Management of Wastes from Uranium Mining and Milling (USA)
2. Seminare
   Seminar on High-Dose Dosimetry in Industrial Radiation Processing (Risø, Dänemark)
   FAO/IAEA Seminar on the Utilization of Mutation Induction for Crop Improvement, for developing countries in Latin America (Lima, Peru)
   FAO/IAEA Seminar on the Control and/or Eradication of the Medfly by Use of the Sterile-Insect Technique as the Basis for an Integrated Pest Management Programme, for developing countries in Latin America (Mexico)
   Seminar on Radiation Emergency Preparedness, for developing countries in Latin America (Brasilien)
   Seminar on Nuclear Analytical Technology and Applications in Mineral Exploration, Mining and Processing (Kanada) INIS Training Seminar (Türkei).

Welt. Nach einem Bericht der NUKEM betrug die Uranproduktion westlicher Länder im Jahre 1980 41200 tU = 107,2 Mill. lbs U_3O_8. Sie lag damit um 2165 t über der Produktion im Jahre 1979. Im einzelnen erzeugten: Australien — 1500 t, Europa — 2600 t, Gabun — 1000 t, Kanada — 7500 t, Namibia — 3800 t, Niger — 4000 t, Südafrika — 6000 t, USA — 14500 t, übrige Länder — 300 t.

Schweden. Ein neues Verfahren für die unterirdische Lagerung hochaktiver Rückstände wurde von der Fa. WP-System AB entwickelt. Bei diesem Verfahren mit der Bezeichnung "WP-Cave" dient ein kugelförmiger Felsenraum als Lagerstätte, der zur sicheren Isolierung vom Grundwasser über eine Zeitspanne von mehr als 100 Jahren von einer Umhüllung aus Lehm mit Bentonit und Quarzsand umgeben ist. Die in Behältern befindlichen radioaktiven Rückstände werden in Bohrungen von Betonkugeln untergebracht, die über eine Art Schornstein in den Felsenraum befördert werden. Die höchste Durchschnittstemperatur im Lagerraum soll nach 10–15 Jahren erreicht werden und ca. 200 °C betragen. In der Lehmumhüllung wird mit einer Höchsttemperatur von 40 °C gerechnet.

Argentinien UdSSR. Die argentinische Atomenergie-Kommission (CENA) hat in der Sowjetunion 5 t D_2O für den Schwerwasserreaktor des Kernkraftwerks Atucha-1 bestellt. Das Lieferabkommen wurde der Sicherheitskontrolle durch die IAEA unterstellt.

Buchbesprechungen

Tritium and Other Radionuclide Labelled Organic Compounds Incorporated in Genetic Material NCRP Report No. 63

Recommendations of the National Council on Radiation Protection and Measurements. 7810 Woodmont Avenue, Washington, D. C. 20014. Issued March 30, 1979. 147 S., div. Abb. u. Tab.; Pappbd. $ 7.00

Der NCRP Report No. 63, beschäftigt sich mit den speziellen Gefahren, die von der Inkorporation der Radionuklide in das genetische Material der Zellen herrühren. Im Vordergrund des Interesses stehen hierbei im ersten Teil des Reports die ^{3}H-markierten organischen Verbindungen sowie radioaktiv markierte organische Verbindungen mit den Radionukliden ^{14}C, ^{32}P, ^{125}J und ^{131}J. Aufgrund des Einbaus der markierten Nukleinsäurevorstufen in die DNS und RNS und der kurzen Reichweite der β-Strahlen aussendenden Radionuklide kommt es zu einer mikroskopisch heterogenen Dosisverteilung, bei der der Zellkern mit einer sehr viel höheren Dosis bestrahlt wird als das umgebende Zytoplasma. In diesem Zusammenhang wird auf die Komplikationen bei der Anwendung der vom NCRP Report No. 22 (1959) empfohlenen maximal zulässigen Konzentrationswerte für diesen speziellen Fall eingegangen. Im einzelnen befaßt sich der vorliegende Report mit den hämatopoetischen und spermatogenen Stammzellen sowie mit der Eizelle als kritischen Zellen für die akuten und späten Strahlenwirkungen. Der Zellkern stellt das kritische Mikrovolumen dar und wird als Referenzkern mit einer Masse von 270×10^{-12} g angegeben, das Zellvolumen beträgt 1×10^{-9} g. In diesem Report basiert die Dosisberechnung auf der Dosis, die von der inkorporierten Menge der radioaktiv markierten Nukleinsäurevorstufen des Zellkerns herrührt, in dem Strahlenabsorptionsort und strahlenempfindliches Volumen identisch sind. In einer zusammenfassenden Tabelle sind im Vergleich zum ^{3}H-Wasser die Mengen radioaktiv markierter Verbindungen dargestellt, die 5 rd pro Jahr für die Stammzellkerne ergeben, sie betragen z. T. 1/100 der Bezugsaktivität. Eine auf die mittlere Gewebsdosis bezogene Dosisberechnung würde die potentielle Gefahr der Strahlenwirkung dieser Verbindungen wesentlich unterschätzen. Im 2. Teil des Reports, in den Anhängen 1–7, wird zu Strahlenschutzgrenzwerten, zur Umgebungskontamination, zur Strahlenqualität, zum Stoffwechsel und zur Toxizität von ^{3}H-Wasser und ^{3}H-markierten Verbindungen sowie zur somatischen und genetischen Mutation anhand ausführlicher Literaturergebnisse Stellung genommen.

Dieser Report ist für Mediziner, Biologen und Physiker, die auf dem Gebiet des Strahlenschutzes tätig sind, sowie für die Strahlenschutzlehre und die einschlägige Gesetzgebung sehr zu empfehlen.

F. Hölzer

Chemie der Nuklearen Entsorgung. Teil III

F. Baumgärtner (Hrsg.), München: Verlag Karl Thiemig 1980; XX, 388 S., 209 Abb., 37 Tab. (TB Band 91); kartoniert DM 56,–

Nachdem in den Teilen I und II (Thiemig-Taschenbücher Band 65/66) wesentliche Grundlagen und wichtige Detailfragen der nuklearen Entsorgung (chemische Prozesse, Techniken, Verfahren, Anlagen, Meß- und Analysenverfahren u. a.) behandelt wurden, sind im Teil III die Ergebnisse eines Seminars zusammengefaßt, das von den Fachgruppen Nuklearchemie der Gesellschaft Deutscher Chemiker (BRD) und des Vereins Österreichischer Chemiker mit Gästen aus Frankreich, der Schweiz und den USA im März 1979 in Kaprun veranstaltet wurde. Das Seminar war übergeordneten Aspekten der nuklearen Entsorgung (Non-Proliferation, internationale Zusammenarbeit), dem ins einzelne gehenden Vergleich der Techniken in verschiedenen Wiederaufarbeitungsanlagen, der Rückstandsbehandlung und Endlagerung aus bundesdeutscher, österreichischer und schweizerischer Sicht sowie Fragen der Sicherheit und des Umweltschutzes gewidmet.

Im vorliegenden Band sind Beiträge (mit Literaturangaben) von insgesamt 37 Autoren zusammengestellt. Es wurde u. a. zu folgenden Themen referiert: Planungsstand des (bundes-)deutschen Entsorgungszentrums (*J. Mischke*); Institutionelle Maßnahmen im nuklearen Brennstoffkreislauf (*K.-D. Closs*); Existierende und geplante Wiederaufarbeitungsanlagen (*G. Koch*); Chemie der PUREX-Eingangsstufe (*E. Henrich*); Fließschemavergleich von Wiederaufarbeitungsanlagen (*F. Baumgärtner*); Vergleich von Förder- und Dosiersystemen in den Extraktionszyklen der Anlagen Hanford, Eurochemic, NFS, Barnwell, Exxon (*D. Leuchtmann, M. Kluth*); Glas als Einbettungsmaterial für hochradioaktive Abfälle (*C. Fréjacques*); Konzept und Entwicklungsstand der HAW-Verfestigung in der BRD (*P. Zühlke, W. Heimerl*); Das Endlagerkonzept für die radioaktiven Abfälle des (bundes-)deutschen Entsorgungszentrums (*H. Röthemeyer*); Geologische Grundlagen der Endlagerung (*W. Brewitz, K. Kühn*); Die geologischen Gegebenheiten für eine Endlagerung von radioaktiven Abfällen in der Schweiz (*H. Jäckli*); Die Möglichkeit einer Endlagerung im Granodiorit der Böhmischen Masse in Österreich (*F. Oszuszky*); Allgemeiner Brandschutz in Wiederaufarbeitungsanlagen (*F. E. Reiss*); Ausbreitung nuklearer Schadstoffe in der Atmosphäre (*P. Thomas*); Radiologische Umgebungsbelastung durch die Abluft der Wiederaufbereitungsanlage (*H. Bonka*); Die Auswirkungen der Jod-129-, Krypton-85- und Tritiumemissionen aus einer großen Wiederaufarbeitungsanlage auf die Umgebungsbevölkerung (*H. Schüttelkopf*).

Ein Sachwort- und Abkürzungsverzeichnis vervollständigen den Band.

Diese Publikation ist für alle Wissenschaftler und Ingenieure von Interesse, die sich mit dem derzeitigen Erkenntnisstand zu Fragen der Technik und Sicherheit auf dem Gesamtgebiet der nuklearen Entsorgung in einigen westlichen Industrieländern vertraut machen wollen.

K. Uhlig

Geschichte der Technik

B. Brentjes, S. Richter, R. Sonnemann (Hrsg.); Leipzig: Verlag für Kunst u. Wissenschaft 1979; 502 S., über 550 Abb. (84 mehrfarbig); Leinen M 78,—

Nach einleitenden Bemerkungen zum Technik-Begriff, über Sinn und Bedeutung der Technik, das Verhältnis von Mensch und Maschine, zu grundsätzlichen Fragen der Entwicklung der Technik in Europa und in anderen Erdteilen und die Beziehungen zwischen gesellschaftlicher und technischer Entwicklung werden in 4 Hauptabschnitten abgehandelt: Die „Steinzeit" der Jäger und Sammler, die „Agrarrevolution", zwei Jahrtausende „Bronzezeit", zwei Jahrtausende „Eisenzeit", Altamerika als historische Probe (*B. Brentjes*); Die Technik zwischen Werkzeug und Maschine (*R. Sonnemann*); Die Technik im Zeitalter der industriellen Revolution (*S. Richter, R. Sonnemann*); Technik und Industrialisierung bis zum Ende des I. Weltkrieges, zwischen Mechanisierung und Automatisierung — die technische Entwicklung bis zum II. Weltkrieg, Technik im Zeichen der wissenschaftlich-technischen Revolution (*S. Richter*).

Ein Personen- und Sachwortregister runden das Werk ab. Wenn auch die Autoren im Vorwort darauf hinweisen, daß sie bei der Abfassung dieses historischen Überblicks über die Entwicklung der Technik Vollständigkeit weder erreichen noch anstreben konnten, so darf man ihnen doch bescheinigen, daß es durch eine wohlbedachte und sorgfältige Stoffauswahl gelungen ist, die Bereiche der Technik zu erfassen, die die wissenschaftlich-technische und damit auch sozialökonomische sowie politische Entwicklung der menschlichen Gesellschaft am nachhaltigsten beeinflußt haben. In diesem Zusammenhang bleiben auch die Entwicklung der Militärtechnik und ihre Folgen nicht unerwähnt. Lobend hervorzuheben ist die große Anzahl sehr instruktiver, das wesentliche treffender Abbildungen, die man in dieser Konzentration selten beieinander findet. Die Ausstattung des Buches ist hervorragend.

Es kann jedem wärmstens zur Lektüre empfohlen werden, der sich für Technik-Geschichte und die damit verbundenen Prozesse der gesellschaftlichen Entwicklung interessiert.

K. Uhlig

Sanfte Energietechnologie — Hoffnung oder Utopie?

W. Seifritz. München: Verlag Karl Thiemig 1980; XII, 116 S., 11 Abb., 3 Tab. (TB Band 92); kartoniert DM 14,80

In dieser in der Thiemig-Taschenbuchreihe erschienenen Publikation setzt sich der Autor, ein Kernenergiefachmann, unter den verschiedensten Aspekten mit den in der letzten Zeit angesichts der abnehmenden Vorräte an fossilen Brennstoffen vieldiskutierten Alternativenergien, die nach Ansicht der Kernenergiegegner den einzigen „wahren" Ausweg bieten, um eine gesicherte Zunkunft der Menschheit zu garantieren, auseinander.

Die Alternative „Sanfte Energietechnologie oder Kernenergie" wird im wesentlichen am Beispiel der Sonnenenergienutzung, die ja neben der Direktumwandlung auch Grundlage anderer alternativer Energiequellen ist, detailliert untersucht. Dabei werden folgende Gesichtspunkte berücksichtigt: Erneuerbarkeit, Sicherheit, energetische Rentabilität, Kosten, Speicherfähigkeit, Verfügbarkeit und Umweltfreundlichkeit der Sonnenenergie; soziale, humanitäre, religiöse und philosophische Aspekte der Sonnenenergie.

Anhand einer exakten wissenschaftlichen Argumentation und sorgfältig recherchierter statistischer Daten weist der Autor nach, daß die Solarenergie u. a. auf Grund des geringen „Erntefaktors" durch die zweidimensionale Erzeugung und die niedrigen Leistungsdichten („Erntefaktor" = Verhältnis von produzierter Energie zu der Energie, die für Bau und Betrieb einer Anlage aufgewendet werden muß) keine Alternative zur Kernenergie bieten kann, wenn sie auch unter bestimmten Umständen und Bedingungen einen gewissen Beitrag zu leisten vermag. Es wird dargelegt, daß das Potential der Kernenergie, bei deren Nutzung noch „Quantensprünge" bevorstehen (Brutreaktor, Thorium-Zyklus, Hochtemperatur-Prozeßwärmereaktor zur Kohleveredelung und Wasserspaltung, Fusionsreaktor als Hybridsystem zum Erbrüten von Kernbrennstoff und schließlich der reine Fusionsreaktor), noch lange nicht ausgeschöpft ist.

In den abschließenden Kapiteln stellt *Seifritz* die Frage nach dem geistigen Background der Bewegung für die „Soft"-Technologie (*Marcuse, Adorno*, Frankfurter Schule) sowie der sozialen Stellung und den Zukunftsvisionen ihrer Verfechter.

„Sanfte Energietechnologie — Hoffnung oder Utopie?" ist kein reines Lehrbuch, sondern eine wissenschaftlich fundierte Darlegung von Problemen und Möglichkeiten der Deckung des Energiebedarfs in der Zukunft und eine engagierte Auseinandersetzung mit den Argumenten der Kernenergiegegner, die stellenweise auch mit der notwendigen Polemik geführt wird, ohne den Boden der gesicherten Tatsachen zu verlassen (nur ein Beispiel aus dem Hauptkapitel „Sicherheit" [Zitat S. 17]: „Weiterhin zeigt die Tatsache, daß in der Bundesrepublik im letzten Jahr — einmal ganz abgesehen von den vielen tausend Fällen von Kindesmißhandlungen — 138 Kinder von ihren Eltern zu Tode geprügelt wurden, daß Kindsein, . . . auch nicht gerade sicher ist. Dies ist ganz besonders bedauerlich, weil anscheinend nicht einmal der engste Familienkreis jenen sicheren Zufluchtsort darstellt, den man sich willentlich wünscht . . . Man denke an den Aufschrei, der zu hören wäre, wenn durch Einwirkung der Kernenergienutzung jährlich 138 Kinder ums Leben kämen. Kaum zu fassen.").

Es dürfte für Wissenschafter und naturwissenschaftlich Vorgebildete aller Fachrichtungen von Interesse und Nutzen sein, dieses Buch zu lesen.

K. Uhlig

Chemische Statistik

H. Moesta, Berlin (West) — Heidelberg — New York: Springer-Verlag. 1979. 185 S., 13 Abb., 19 Tab.; geheftet DM 29,80; US $ 16,40

Während sich die Thermodynamik zunächst mit den makroskopischen Eigenschaften von Systemen beschäftigt, ohne Vorstellungen über die Eigenschaften der Elemente des Systems zu benutzen, geht die statistische Thermodynamik von den Eigenschaften und dem Verhalten der

Mikroteilchen aus und leitet hieraus die makroskopischen Eigenschaften der Systeme ab. Auf diesem Wege, der heute zu großer Vollkommenheit ausgereift ist, gelingt es, ein tieferes Verständnis für das Verhalten idealer und realer Systeme zu gewinnen und die notwendige gegenseitige Stützung und Verknüpfung von experimentellen und theoretischen Ergebnissen herbeizuführen.

Der vorliegende Hochschultext beschäftigt sich mit der Berechnung der thermodynamischen Funktionen von idealen Gasen aus relativ einfachen Molekülmodellen. Zuerst werden die Grundlagen der Statistik in einem kurzen Überblick zusammengestellt. Dabei werden die grundlegenden Vorstellungen der Quanten-Statistiken und ihre Anwendungen auf die Berechnung der freien Energie, der Potentiale und Zustandssummen behandelt. Der zweite Hauptabschnitt handelt von den Zustandssummen für Gase und erläutert die Beiträge der Translation, der Rotation und der Schwingungen. Es schließt sich ein Abriß der *Debye*schen Theorie der festen Körper an. Abschließend werden Anwendungen und Beispiele vorgeführt, an denen die Leistungsfähigkeit der entwickelten Verfahren überzeugend sichtbar wird.

Die Vielzahl der Beispiele macht die Darstellung verständlich und anschaulich. Besonderer Wert wird darauf gelegt, für unvollständig bekannte größere Moleküle Näherungslösungen und Abschätzungen zu gewinnen, die für praktische Zwecke brauchbar sind. Damit zeigt der Verfasser, wie die doch recht allgemeinen Grundlagen der Quanten-Statistiken nutzbar gemacht werden können. Mit Recht verweist der Verfasser darauf, daß der elektronische Taschenrechner viele Berechnungen ermöglicht und damit den Chemiker — wenigstens teilweise — unabhängig macht.

Der Hochschultext wird sich als nützliches Hilfsmittel in der Ausbildung erweisen. *K. H. Köhler*

Benutzerschulung in Hochschulbibliotheken

E. Sauppe, H. Müller, R. Westermann. — München, New York, London, Paris: K. G. Saur Verlag 1980. — 240 S., div. Abb. u. Tab. (Informationsmanagement Bd. 2); DM 38,—

Mit der Erarbeitung und Durchführung von Programmen für die systematische bzw. zielgerichtete Schulung der Benutzer von Hochschulbibliotheken, wie dies in den letzten Jahren in vielen Ländern erfolgte und verstärkt fortgesetzt wird, soll erreicht werden, daß für den Benutzer die komplizierter gewordene bibliothekarische Organisation überschaubarer und er in die Lage versetzt wird, das Leistungsangebot der Bibliotheken optimal auszuschöpfen; die bedeutenden Investitionen der Bibliotheken (Bestände, technisches Hilfsmittel) effektiver genutzt und daß Unterweisungsformen durchgesetzt werden, die der ständig steigenden Anzahl der Bibliotheksbenutzer Rechnung tragen, da unter diesen Umständen die herkömmliche Form der ad-hoc-Beratung auf Einzelfälle beschränkt werden muß.

Im vorliegenden Buch werden die Ergebnisse eines Projekts für die Benutzerschulung dargelegt, das in erster Linie für Studenten als der zahlenmäßig umfangreichsten Gruppe der Benutzer wissenschaftlicher Bibliotheken gedacht ist. In vier Hauptabschnitten werden behandelt: Einführung in den allgemeinen Problemzusammenhang und den internationalen Stand der Benutzerschulung (mit einer Ausnahme beschränkt auf westliche Länder); hochschuldidaktische Grundlagen der Benutzerschulung; Formen, Materialien und Programme der Benutzerschulung (Erhebungen, Analysen, Bewertungen); Zusammenfassung der Projektergebnisse und Empfehlungen für die weitere Entwicklung der Benutzerschulung in den Hochschulbibliotheken. Die einzelnen Abschnitte sind mit z. T. umfangreichen Literaturverzeichnissen sowie Anhängen versehen, in denen praktische Erfahrungen mitgeteilt und Hinweise gegeben werden.

Das Buch kann all denen zum Studium empfohlen werden, die sich mit grundsätzlichen Problemen der Nutzerschulung sowie mit dem Inhalt und Aufbau entsprechender Ausbildungsprogramme befassen. *K. Uhlig*

Soil Nitrogen as Fertilizer or Pollutant

Vienna: IAEA 1980 (Proceedings Series STI/PUB/535). 398 S., 81 Abb., 161 Tab.; ÖS 580.—

Es ist ungewohnt, den Stickstoff — ein Element des Lebens — als einen Umweltverseucher anzusprechen, noch dazu im Zusammenhang von Stickstoff-Düngemitteln, der gewollten Gabe an den Boden zur Ertragssteigerung. Seit Beginn der 50er Jahre ist aber bekannt, daß bei Überschreiten bestimmter Grenzwerte an Nitrat-Stickstoff im Trinkwasser die Methämoglobinämie oder Blausucht bei Kleinstkindern auftreten kann. Seither hat es nicht an kritischen Stimmen gefehlt, die vor einer überhöhten Stickstoffdüngung warnen, da dies zu einer Erhöhung des Nitratgehalts im Grundwasser führen kann. Seit Beginn der 70er Jahre wird weltweit auf diesem Gebiet, das Nitrat-Problem betreffend, gearbeitet, und die ^{15}N-Technik ist dabei zu einer bewährten und äußerst aussagekräftigen Methode entwickelt worden.

In Piracicaba (Staat São Paulo, Brasilien) kamen vom 3.—7. 7. 1978 31 Wissenschaftler (einschließlich der offiziellen Vertreter des Tagungslandes) zusammen, hielten 22 Vorträge und gaben einen Bericht über ein einschlägiges IAEA/FAO-Forschungsprogramm für die Jahre 1974—77 mit Schlußfolgerungen und Empfehlungen. Die Teilnehmer kamen aus 15 Ländern und vertraten neben den nationalen Atomenergiebehörden zwei internationale Organisationen. In fast allen Vorträgen wurde die Anwendung von ^{15}N-markierten Verbindungen unter Feldbedingungen und die Verfolgung dieser Markierung in der Bodenzone bzw. im Sickerwasser behandelt. Verschiedene Nutzpflanzen (Getreide, Bohnen, Mais, Reis, Zuckerrohr) in unterschiedlichen Klimaregionen (Großbritannien, Jugoslawien, BRD, Tunesien, USA, Mauritius, Indien, Rumänien) waren Gegenstand der Untersuchungen, wobei der Nd-Wert (N-Anteil vom Düngemittel-N) in den einzelnen Pflanzenteilen bzw. im Erntegut eine typische Aussage der angewendeten ^{15}N-Technik darstellt. In einer Kurzmitteilung über ^{15}N-Variationen im Boden und in Pflanzen wurde angedeutet, welche Schwankungsbreiten als Nullwerte beim Tracereinsatz zu erwarten sind. Schließlich wurde in einem Beitrag eine globale N-Bilanz behandelt, die das dargebotene Bild des Stickstoffs in der Landwirtschaft vervollständigte.

Der Vortragsband ist Agrarwissenschaftlern, Hydrogeologen und Isotopenforschern als eine sehr wertvolle und aktuelle Zusammenstellung zu Fragen des Nitrat-Problems zu empfehlen, und er sollte auch in Umweltforschungseinrichtungen parat sein. *H. Hübner*

V. M. Petriyey, V. I. Stepchenkov, D. G. Khachirov

Physico-Chemical Properties of Labelled Albumin Microspheres Yieldes by Neutron Activation (*in Russian*)

Isotopenpraxis 17 (1981) No. 8/9, p. 315 to 317
– Fig., 3 Tab., 8 Ref.

In the present work, the results of the investigation of some physico-chemical and radiochemical properties of albumin microspheres labelled with various elements activated by neutrons are presented. Mn, Eu, Lu and Au were used as tracer elements. The content of an element depends directly on its concentration in the reaction mixture. A modification of the concentration of an element in the albumin solution is of no remarkable impact on the particle size. The density of albumin microspheres is directly dependent on the atomic weight and on the content of the element in the particles. At a temperature of 20 – 50 °C, the adhesion of radionuclide to the microspheres grows, if the particles are treated with ammonia solution.

E. Dobreva, N. Nenoff, B. Zhuikov

Independent Yields of Iodine and Tellurium Isotopes in Fission of ^{232}Th with 30·5 MeV Alpha Particles (*in English*)

Isotopenpraxis 17 (1981) No. 8/9, p. 318 to 320
– Fig., 3 Tab., 21 Ref.

Iodine and tellurium isotopes produced in the fission of ^{232}Th with 30·5 MeV alpha particles were separated using a method of sublimation in an air stream and the independent yields of ^{130}I, ^{131}I, ^{132m,g}I, ^{133}I, ^{134}I; ^{131m,g}Te, ^{133m}Te and ^{134}Te (cumulative) were determined by means of high resolution Ge(Li) γ-ray spectrometry. A *Gaussian* fit to the experimentai data was used to obtain the width parameter σ_z and the most probable charge Z_p of the nuclear charge distribution in the isobaric chains 130 to 134. The most probable masses for fission fragments with $Z = 52$ and $Z = 53$ were also deduced from the measured fission yields.

S. Trebeljahr, D. Nebel

Simultaneous Polarographic Determination of Uranium and Plutonium

Isotopenpraxis 17 (1981) No. 8/9, p. 321 to 323
8 Fig., 1 Tab., 10 Ref.

A polarographic method for the simultaneous determination of Uranium-(VI) and Plutonium(IV) is described. Citrate was used as a complexing agent for shifting the half-wave-potentials into negative direction, because the dropping mercury electrode (DME) can only be used in the negative potential range. Investigations were made for three different ratios of concentration U:Pu, 1:1, 1:10 and 10:1. The standard deviation was found to be < 3 %. If the ratios of concentration differ more than 10, then the difference of the half wave potentials is not large enough to separate both steps and the error for the determinating of the micro component is increasing.

K. Gloe, A. I. Kholkin, P. Muehl, L. M. Gindin

The Distribution of n-Caprylic Acid over Organic Solvents and Aqueous Sodium-Sulphate Solution

Isotopenpraxis 17 (1981) No. 8/9, p. 324 to 327
3 Fig., 1 Tab., 33 Ref.

The distribution of n-caprylic acid over n-decane, benzene, isoamyl acetate, diisopropyl ketone, isoamyl alcohol and an aqueous 0·6 molar sodium-sulphate solution was studied using the acid labelled with ^{14}C. The distribution constants and the dimerisation constants were determined for the reactions $HR_{(w)} \rightleftharpoons HR_{(org)}$, and $2\,HR_{(org)} \rightleftharpoons (HR)_{2(org)}$ respectively. Both the impact of the solvent on the acid distribution and the importance of such studies for the interpretation of liquid-liquid-extraction equilibria were discussed.

A. Cecal

Radiochemical Investigation of the Corrosion of Carbon Steel OL-32 in Various Reagents

Isotopenpraxis 17 (1981) No. 8/9, p. 328 to 331
1 Fig., 1 Tab., 23 Ref.

A radiochemical method based on the principle of isotope dilution is used to study the kinetics of the corrosion process on OL-32 carbon steel inder the influence of hydrochloric acid (0·5 N) in the presence of some mixtures of water with organic solvents. The effect of the reagent (water/organic solvent) upon the velocity constant is studied; an increase of the

В. М. Петриев, В. И. Степченков, Дж. Г. Хачиров

Физико-химические свойства меченых микросфер альбумина, получаемых активацией нейтронами (*на русск. языке*)

Isotopenpraxis 17 (1981) вып. 8/9, стр. 315 до 317
– рис., 3 табл., 8 лит.

В настоящей работе приведены результаты изучения некоторых физико-химических и радиохимических свойств микросфер альбумина, меченных различными элементами, активируемые нейтронами. В качестве элемента-метки были использованы Mn, Eu, Lu, Au. Содержание элемента в микросферах прямо зависит от концентрации его в реакционной смеси. Изменение концентрации элемента в растворе белка не оказывает заметного влияния на размер частиц. Плотность микросфер альбумина прямо зависит от атомной массы и содержания элемента в частицах. Прочность радионуклида с микросферами при 20 – 50 °C повышается при обработке частиц раствором аммиака.

Е. Добрева, Н. Ненов, Б. Жуйков

Независимые выходы изотопов йода и теллура в делении ^{232}Th α-частицами с энергией 30,5 MeV (*на англ. языке*)

Isotopenpraxis 17 (1981) вып. 8/9, стр. 318 до 320
– рис., 3 табл., 21 лит.

Изотопы йода и теллура, полученные в делении ^{232}Th α-частицами с энергией 30,5 MeV, выделялись методом возгонки в токе воздуха. Независимые выходы изотопов ^{130}I, ^{131}I, ^{132m,g}I, ^{133}I, ^{134}I; ^{131m,g}Te, ^{133m}Te и ^{134}Te (кумулятивный) были определены при помощи Ge(Li) γ-спектрометра высокого разрешения. С целью определения параметров зарядового расспределения σ_z и Z_p в изобарных цепочках массы 130 – 134 экспериментальные данные были подогнаны под Функцию *Гаусса*. Наиболее вероятные массы осколков для $Z = 52$ и $Z = 53$ были также определены при помощи измеренных выходов.

С. Требельяр, Д. Небель

Одновременное полярографическое определение урана и плутония

Isotopenpraxis 17 (1981) вып. 8/9, стр. 321 до 323
8 рис., 1 табл., 10 лит.

Разработан полярографический метод одновременного определения урана (VI) и плутония(IV). Чтобы измерить потенциалы полуволн капельным ртутным электродом, надо было сдвигать потенциалы в сторону отрицательной области. Смещение было проведено с помощью комплексообразования с цитратным лигандом. Полярографическое определение в цитратной среде было исследовано при соотношениях концентраций урана и плутония 1:1, 10:1 и 1:10. Стандартное отклонение определения концентраций не превышало 3 %. Если различие концентраций больше чем 10, тогда различие потенциалов полуволн слишком мало и увеличивается ошибка опред ения микрокомпонента.

К. Глое, А. И. Холкин, П. Мюль, Л. М. Гиндин

Распределение n-каприловой кислоты по органическия растворителям и водным раствором сульфата натрия

Isotopenpraxis 17 (1981) вып. 8/9, стр. 324 до 327
3 рис., 1 табл., 33 лит.

Распределение n-каприловой кислоты по n-декану, бензолу, изоамилацетату, диизопропилкетону, изоамилалкоголю и 0,6-молярному водному раствору сульфата натрия было изучено с использованием кислоты, меченой ^{14}C. Были определены константы распределения и константы димеризации по реакциям $HR_{(w)} \rightleftharpoons HR_{(org)}$ и $2HR_{(org)} \rightleftharpoons (HR)_{2(org)}$ соответственно. Обсуждаются влияние растворителя на распределение кислоты, а также значение таких исследований для интерпретации равновесий жидко-жидкостной экстракции.

А. Чекал

Радиохимические исследование процесса коррозии углеродистой стали марки ОЛ-32 в различных средах

Isotopenpraxis 17 (1981) вып. 8/9, стр. 328 до 331
1 рис., 1 табл., 23 лит.

Радиохимическим методом, основанным на принципе изотопного разбавления, рассматривается кинетика процесса коррозии углеродистой стали марки ОЛ-32 под воздействием соляной кислоты (0,5 Н) в присутствии некоторых смесей воды с органическим растворителем. Исследуется эффект среды (вода/органический растворитель) на

value of this constant with increased water concentration in a given system is observed. This leads to the conclusion that the organic solvent has an inhibiting effect on the corrosive action of hydrochloric acid with regard to the metal samples investigated. $^{55+59}Fe$ in the shape of $^{55+59}Fe\text{-}Cl_3$ (10^{-3} M) having a specific activity of $2 \cdot 10^{-4}$ Ci/ml was used as a radioactive tracer.

константу скорости процесса коррозии, причем наблюдается повышение величины данной константы с повышением концентрации воды в данной системе. Это приводит к выводу, что органический растворитель имеет препятствующий эффект по отношению к коррозии, вызванной соляной кислотой. В качестве радиоактивного индикатора использовалось $^{55+59}Fe$ в виде $^{55+59}FeCl_3$ (10^{-3} M) с удельной активностью $2 \cdot 10^{-4}$ Ci/ml.

E. Mišurová, T. Szabová, J. Suliová

The Deoxyribonucleoproteide Changes and Intranuclear DNA and RNA Synthesis in Rat Liver after Irradiation and Partial Hepatectomy (*in Russian*)

Isotopenpraxis 17 (1981) No. 8/9, p. 332 to 336
2 Fig., 2 Tab., 13 Ref.

We have found no substantial effect of irradiation on the polydeoxyribonucleotide level in the liver of nonoperated animals, the content and concentration of DNP, however, decreased on the 2nd day after irradiation. The decreased ^{3}H-thymidine incorporation is probably in connection the supression of reparative synthesis and with the disturbance of the last period of replicative DNA synthesis. As a consequence of partial hepatectomy the level of polydeoxyribonucleotides had increased on the 6th hour after irradiation. The irradiation had caused the supression of DNA synthesis in operated animals especially on the 24th hour, the preopration DNP content was reached on the 3rd day.
Irradiation caused the decrease of DNA concentration in nuclei, the partial hepatectomy itself cuased increased incorporation of ^{3}H-thymidine up to the 24th hour and this increase lasted up to the 3rd day. After irradiation only we have found mild statistically significant decrease of RNA concentration. In regenerating liver the course of changes was similar in irradiated animals as compared with control animals group.

Е. Мишурова, Т. Сабова, Ю. Шюлиова

Измерения дезоксирибонуклеопротеида и внутриядерный синтез ДНК и РНК в почени крыс после облучения и частичной гепатэктомии (*на русск. языке*)

Isotopenpraxis 17 (1981) вып. 8/9, стр. 332 до 336
2 рис., 2 табл., 13 лит.

Определили, что излучение не оказывало значительное влияние на уровень полидезоксирибонуклеотидов в печени неоперированных животных, однако содержание и концентрация ДНП на 2-ой день после облучения понизились. Пониженное включение ^{3}Н-тимидина связано, вероятно, с угнетением репарационного синтеза и нарушением последнего этапа репликационного синтеза ДНК. В результате частичной гепатэктомии повышается уровень полидезоксирибонуклеотидов на 6-ой час. Облучение оперированных животных вызвало угнетение синтеза ДНК в основном на 24-ый час, предоперационное содержание ДНК в было достигнуто на 3-ий день. Облучение вызвало понижение концентрации ДНК в ядрах, сама частичная гепатэктомия вызвала повышенное включение ^{3}Н-тимидина до 24-го часа, которое продолжалось до 3-го дня. После самого облучения мы наблюдали только умеренное статистически значимое понижение концентрации РНК. В регенерирующей печени болученных животных ход изменений был подобный изменениям контрольных животных.

M. Gaber, P. Jugelt

Examination to Calculate the Depth Distribution of the Primary Ionization of Binary Thick Alloy Systems by Electrons up to 30 keV

Isotopenpraxis 17 (1981) No. 8/9, p. 336 to 344
7 Fig., 5 Tab., 10 Ref.

Methodical examinations have been discussed to develope a *Monte-Carlo*-program based on *Moliere*'s multiple scattering theory to calculate the depth distribution of the primary ionization. The results of three variations of an electron transport model have been examined. By the use of the developed electron transport model other factors in reflection to the electron microprobe analysis (backscattering and absorption factors) have been determined.

М. Габер, П. Югельт

Исследование по определению глубинного распределения первичных ионизаций в толстых двух-элементных образцах при облучении электронами в диапазоне энергии ниже 30 кэв

Isotopenpraxis 17 (1981) вып. 8/9, стр. 336 до 344
7 рис., 5 табл., 10 лит.

Описаны методические исследования по разработке программы по методу *Монте-Карло* для расчёта глубинного распределения первичных ионизаций на основе теории многократного рассеяния по методу *Молейра*. Производительность трёх вариантов модели электронного транспорта исследовано на примере выбранных образцов. С помощью разработанной модели электронного транспорта были вычислённы величины для электронно-лучевого микроанализа (коэффициент обратного рассейяния, фактор обратного рассейяния, фактор для коррекции поглощении).

Letters to the Editor

A. Kolbe, M. Becker, A. Unverricht, H. R. Schuette

Synthesis of Radioactively Labelled Compounds. Part 47 Production of 2-(2,4-Dichlorophenoxy)-Isobutyric Acid-($^{14}CH_3$)

Isotopenpraxis 17 (1981) No. 8/9, p. 344
– Fig., – Tab., 6 Ref.

Письма в редакцию

А. Кольбе, М. Беккер, А. Унферрихт, Х. Р. Шютте

Синтез радиоактивно меченых соединений. 47. Получение 2-(2,4-дихлорфенокси)-изомасляной кислоты-($^{14}CH_3$)

Isotopenpraxis 17 (1981) вып. 8/9, стр. 344
– рис., – табл., 6 лит.

Information

Isotopenpraxis 27 (1981) No. 8/9, p. 345 to 246

Новости

Isotopenpraxis 17)1981) вып. 8/9, стр. 345 до 346

New Books

Isotopenpraxis 17 (1981) No. 8/9, p. 346 to 348

Новая литература

Isotopenpraxis 17 (1981) вып. 8/9, стр. 346 до 348

Contents of this Issue

Articles

Letters to the Editor